U0869175

THE 46 RULES OF GENIUS

An innovator's guide to creativity

天才的
46个法则

创新者宝典

[美] 马蒂 · 纽迈耶◎著
谢瑾瑜◎译

Marty Neumeier

中国出版集团 现代出版社

图书在版编目（CIP）数据

天才的46个法则：创新者宝典 /（美）马蒂·纽迈耶（Marty Neumeier）著；谢瑾瑜译. -- 北京：现代出版社，2020.3
ISBN 978-7-5143-8426-0

Ⅰ. ①天… Ⅱ. ①马… ②谢… Ⅲ. ①创造性思维 Ⅳ. ①B804.4

中国版本图书馆CIP数据核字（2020）第039129号

版权登记号：01-2020-1004
Authorized translation from the English language edition, entitled 46 RULES OF GENIUS, THE: AN INNOVATOR'S GUIDE TO CREATIVITY, 1st Edition by NEUMEIER, MARTY, published by Pearson Education, Inc, Copyright © 2014 by Marty Neumeier.
All rights reserved. No part of this book may be reproduced or transmitted in any form or by any means, electronic or mechanical, including photocopying, recording or by any information storage retrieval system, without permission from Pearson Education, Inc.
CHINESE SIMPLIFIED language edition published by MODERN PRESS CO. LTD., Copyright © 2020.
本书中文简体字版由Pearson Education（培生教育出版集团）授权现代出版社有限公司在中华人民共和国境内（不包括香港、澳门特别行政区及台湾地区）独家出版发行。未经出版者书面许可，不得以任何方式抄袭、复制或节录本书中的任何部分。
本书封面贴有Pearson Education（培生教育出版集团）激光防伪标签，无标签者不得销售。

天才的46个法则

作　　者：【美】马蒂·纽迈耶（Marty Neumeier）著
译　　者：谢瑾瑜
选题策划：杨　静
责任编辑：杨　静　王　羽
出版发行：现代出版社
通信地址：北京市安定门外安华里504号
邮政编码：100011
电　　话：010-64267325　64245264（传真）
网　　址：www.1980xd.com
电子邮箱：xiandai@vip.sina.com
印　　刷：三河市宏盛印务有限公司

开　　本：880mm×1230mm　1/32
印　　张：5.125　　字　　数：86千字
版　　次：2020年4月第1版　　印　　次：2020年4月第1次印刷
书　　号：ISBN 978-7-5143-8426-0
定　　价：42.00元

版权所有，翻印必究；未经许可，不得转载

天才是怎样的？

对大多数人来说，天才就是智商极高之人，高达或超过 140。但这也把天才想得太简单了。天才不仅仅是高智商的人，而且天才的智商也不必一定要 140；事实上，成为天才，智商 125 就够了。除此之外，成为天才还需要丰富的想象力和会发挥想象力的技巧，这需要朝着特定目标奋进，用坚定的意志力来驱动。

一位天才并不是全才，而是在某些领域天赋异禀。例如，你可以尤擅分子生物学，也可以在软件编程上，或在橄榄球比赛中突破防守区的奔跑上天资超凡。随着时间推移，一位天才可能会将特别有天赋的几个领域贯通起来，在世人看来，他 / 她好像无所不能。但这不是定义天才的必选项。

在新著《元技能》中，我提出在人机协作日益密切的时代，要想繁荣发展，所需培养的 5 点天赋。我称这些天赋为元技能。它们是感觉，亦称共鸣和直觉；观察，亦称系统思考；梦想，亦称想象力运用；创造，亦称设计天资；学习，亦称获得新技能的能力。取得这些元技能无疑必备高智商，而真正所需做的是高度重视创造力。本书中的法则都很有创造性，是帮助你展望、发明、贡献和成长的通用指南。

那天才是怎样的？我将之定义为：天才是任何能将灵感转化为创新，并能在转化过程中改变我们世界观的人。换言之，天才就是那些运用创造力进行原创的人。哲学家亚瑟·叔本华描述得最为精辟："人才能打中常人无法打中的靶子；而天才能打中常人无法看到的靶子。"

本书中的法则永不过时。尽管这些法则没有哪个是新发明的，但它们能帮助你创新。米开朗琪罗没有发明锤子和凿子，但他运用这些工具，雕刻出《圣殇》。你无法赤手空拳塑造一块大理石，同样，光靠苦思冥想也得不到好点子。你需要法则，这是天才们的工具。觉得法则能起作用时就运用，不起作用时大可放一边。

这本书我特意写得短小精悍。我认识大多数有创造力的人都在各自项目上投入很多精力，阅读一本厚书对他们而言太过奢侈。所以本书体量轻盈，提出的建议小巧可操作。你可以随意翻阅，画画重点，需要时再来看看。

《天才的 46 个法则》无法涵盖方方面面的内容。相反，我选择聚焦人们最容易忽视、遗忘或冒失破坏的法则。书中首先是对策略提出一些建议，即如何获得正确的想法。接着便写明在执行时的实用技巧，即如何正确实施想法。之后，书中谈到如何打造富有创造性的技能，最后则为如何在更广阔的天地中发挥卓越才能。

注意:《天才的 46 个法则》并不适合所有人，原因很简单，不是每个人都可以成为天才。这通常不是由于原生智力不足，更可能是缺乏意愿或技能。我认为身为读者的你肯定不差意愿，否则你也不会手持本书。至于技能，你需要一点帮助，以及积极的工作欲望。不过开心的是，能投入于自己钟爱之事时，工作不再仅仅是工作。

我最大的愿望是，你将业已拥有的欲望与这些久经时间考验的原则结合起来，点燃创造性成长不断循环的火焰：欲望推动学习，学习激发欲望。这就是铸就天才的魔法。如果你能接受这一前提，剩下的事则应运而生。

——马蒂·纽迈耶

目　录

不疯魔，无天才。

——亚里士多德

第 1 部分　我如何创新

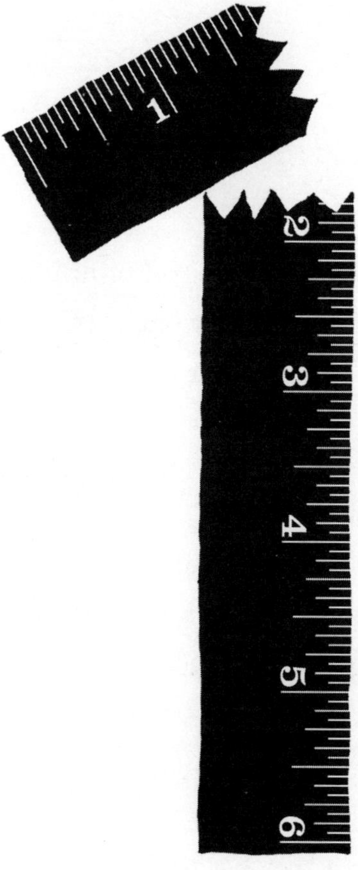
1
2
3
4
5
6

法则 1　打破法则

你可能听说过，除非知道如何运用法则，否则打破法则不是明智之举。你也可能听到过相反的声音：世上本无法则，创新者的职责就是摒弃惯例。哪个说法正确呢?

奇怪的是，两者都没错。这就是天才悖论。你必须违背创造力法则，才能遵守。遵守创造力法则时，你就自动违背了它。因为头号法则就是打破法则。

创造性法则并非严格的规定，而是粗略的原则，是几个世纪以来各类艺术家、科学家和思想家一直使用的创造框架模式。不要成为这些法则的奴隶，也无须有意识地记住它们。但了解这些法则将拓展你的技能，以应对需要全神贯注去解决的创造性挑战。

以下是解决天才悖论的方法。

1. 接受或打破法则。

2. 观察结果。

3. 根据自己的经验重写法则。

你会发现，的确**存在**创造力法则，那就是**你自己的**法则。其他人可能并不会遵循，但对你来说却真实有用。

需要注意的一点是：确保你的新原则不仅是在之前获得的教训，因为仅凭一次失败容易得出错误的结论。要根据时代规律来衡量新创造的法则，确保法则足够重要和坚韧，可把事做好。

法则 2　畅想你所欲

畅想如同解决问题前打的热身草稿。让自己的思绪徘徊在可能性的空白页面，所有的约束限制和先入为主都会消失，只留下一个微不可察的梦想之痕，一个想法最模糊的线索。开始畅想前，先问问自己这类问题：

我如何能……

什么阻止我们去……

我能以什么方式……

如果……会发生什么？

接着，可以提出如下问题：

我们为什么要……

什么改变了能让我们……

谁需要……

我应该什么时候……

在这个阶段，没有理由能限制神思的漫游。什么是你希望**能做**但却觉得**做不了**的事？未来的什么问题是现在你可以开始着手去解决的？你希望实现什么不成熟的想法？在什么情况下，突如其来的可能会与迫切的需要相遇？哪怕只有片刻，畅想也能让你跳出局限之圈，想象一个值得追求的未来。

法则 3　先感受后思考

一看到目标，不要急于计划。学会静止、倾听。注意令你不太安宁的声音，不舒服的胃，以及几乎感受不到的渴望。你的目标也会透露一些信息。

要抵制诱惑去给有趣的问题强加千篇一律的解决方案，或者为应对一个无关紧要的问题采用开创性的解决方案。

先停止前行的脚步，直到你有足够的时间来厘清感受并考虑问题。根据挑战的性质和范围的不同，可能需要花费 5 秒或 5 天，需要多长时间就花多长时间。

你有没有注意到，在寻找事实时，眼光会朝下，就像信息是在桌子上一样？但试图得到一个答案时，就会向上看，好像解决方案在天花板上？这对于问题解决者很常见。但试着接近直觉时，**看**根本无济于事，而需要去**感受**。

用感受来解决问题，如同运动员决定他 / 她的下一个动作。往往是身体而非大脑在起作用，让你可以直通直觉，绕过让工作无法出色的惯常恐惧、分心、墨守的成规和自负的陷阱。感受可以让你与自己的目标建立联系，尤其是仅靠思考无法企及的目标。

闭上眼睛，让问题飘浮并向你诉说。想象一下，你是一名心理学家，问题是你的病人，去仔细聆听，并给予最深切的共鸣和最充分的关注。不要避而不见，或试图治疗这位病人，要感受如何前进。

法则 4　看见看不见的存在

领导者长于追随者的一点，便是领导者能够看到**可能有**，但到目前**还未有**的存在。大多数人都可以看到已然存在的东西。你无须用魔法眼镜就能知道埃菲尔铁塔是一个广受欢迎的旅游地标，或矩形面积是长乘以宽，或数百万人会为一杯精美的咖啡支付额外的费用。但你的确需要用魔法眼镜才能看到这世界上仍然缺失的东西，因为从定义上来说，缺失的就是看不见的。

看见看不见的存在之窍门，就是要注意艺术家和设计师所谓的**负空间**。这是一幅画的简单背景，印刷页面上的留白处，戏剧台词间的静默，或乐谱中的停顿。在艺术世界中，这些都是作品特殊的构成要素。在市场上，这些都是酝酿机会的空隙。

尝试以下 3 种技巧，来发掘在市场、问题或情景中的负空间。

仔细查看威胁中隐藏的可能性。每一个威胁都伴随创新的潜力。肥胖问题让提出新型营养成为可能。全球污染问题让发明新能源成为可能。高失业率问题让创新教育模式成为可能。只要你学会看见看不见的存在，这份可能清单就会无穷无尽。

审视变化率不均的领域。俗语说：未来已然在当下，只是分布不均罢了。先去找寻已发生变化的领域，然后再找寻还未发生变化的相似或相邻领域，还要找寻是什么阻止成功实现新想法。机会总是在的，改变来临只是时间问题。为什么我们不去成为那剂催化剂？

想象不断发展的趋势如何可能影响既定规则。列出一张清单，在上面书写出刚萌芽并能主导潮流的趋势，然后将其运用于长期未发生变化的行业、业务和活动。有机农业的趋势对快餐店意味着什么？移动支付对零售购物习惯有何影响？纳米技术如何改变能源市场？永远在线的网络将如何改变大学体验？

要找出那些看不见的存在，看看哪些是人们还**未**干的工作，还**未**选的路，还**未**做的产品。这些需要魔法眼镜，让你看到看不见的存在，设想不可思议之事。

法则 5　问更大的问题

弄清你正在解决问题的类型。这是简单的问题吗？复杂的？结构性的？沟通方面的？技术方面的？政治方面的？有关领导力的？有关设计的？有关预算的？除非你需要知道正在解决的是什么类型的问题，否则你的解决方案无论看起来多好，都可能是错误的。

对于我们大多数人来说，我们要解决的问题是他人给我们的，如老板、老师、客户、社团、公司。尽管某个问题在说明方式上似乎合乎逻辑，但是我们多探究一下，可能就会发现错误的框架。

框架是问题的边界，这“范围之绳”防止问题毫无限制地蔓延。框架可缩小聚焦，指明工作方向，限制投入，决定如何衡量成功。如果框架错了，其他一切无法步入正途。

你第一反应可能就是接受所述问题。请先稍等，保持好奇，提出问题，进一步探讨。尽管一次性提太多问题，看似是对提问者不够尊重，或会惹人讨厌，但你可以先深思熟虑，为接下来的谈话整理思绪。事实上，最初你甚至可能无法**提出**任何问题。有时，想出问题也需要时间酝酿。

你越能熟练地接受任务，就越会发现以下问题有帮助：

我们以前见过这个问题吗？

我们对此了解多少？

是正确的范围吗？

我们是在正确地解决问题吗？

我们应该解决更大的问题吗？

如果我们成功了，会有什么改进？

会减少什么？

什么将被取代？

它会产生什么样的机会？

谁会赢，谁会输？

这个问题需要全盘解决吗？

谁说的？所以呢？为什么不？

通过询问这些类型的问题，你可能会发现问题的范围太小了，实际问题显得更为重要，而最小化问题无非是将问题缩小至某一个范围，可能关乎一个预算、一段

述如果没有解决挑战，最有可能出现的后果。

2. **列出制约因素**。制约因素是加在问题上的创造性限制。挑战里是否存在资金限制？时间限制？技术障碍？政治阻碍？业务约束？品牌约束？知识差距？竞争障碍？因为限制能让框架紧凑，直指解决方案，所以限制很重要。

3. **列出可供性**。可供性是问题中存在创造力的可能性。尽管制约因素关闭了那扇门，但可供性打开了一扇窗。制约因素和可供性塑造了新想法舞动的空间。市场缺少什么？我能挖掘什么能力？我的团队里有谁？怎样能提升技术？这个问题告诉了我什么？每个问题中都隐藏了一项解决方案。

4. **描述成功**。你的问题陈述中会谈及，若不付出会得到怎样的结果。现在请描述如果你的解决方案成功了，最可能会产生什么结果。

了解下数个世纪以来天才的发现：限制好问题就成功了一半。

法则 7　思考全局

大家都喜欢做二选一这样的选择题。要么 A 要么 B，要么是要么否，要么鸡肉要么牛肉。简单的选择给我们一种掌控感，而开放式的选择让我们感到不安。因此，我们宁愿**二选一**而非**多选一**。

同理，我们倾向于将复杂问题分解为一个个单独的部分。大脑更易专注于单个部分，而非容纳复杂问题。然而，如果对整个问题没有全局观，就很难看出单独的部分是如何组合在一起的。

我们很容易为情感和直觉所迷惑，而这让事情更加复杂。但我们的确需要依赖情感和直觉来引导解决重重问题。

事实上，人类的思想就是一团偏见。初学者为其所信而欺，专家们为其所知而愚。而最大的偏见是认为自己根本不会产生偏见。

要平衡偏见就需要全局式思考而非碎片式思考。眯起心灵的眼睛，模糊细节，找寻问题的各个部分是如何组合在一起的。从多角度看复杂的情况，这样方能看到那些隐藏的联系以及令人惊讶的可能性。

首先从三个基本方位来审视。

第一方位，或说是从自身有利视角来看。比较容易，但并不总是值得信赖。

第二方位，或说是从其他相关人员有利视角来看。难度递增，要求有同理心和观察力。

第三方位，或说是从体系外部视角来看。这一方位难度最大，要求有客观性以及批判性思维，对我们大多数人而言，这并非是与生俱来的能力。

这种"非天生"的思维方式用术语来表达即**系统思考**。这是一种通过研究部分与整体的关系来理解复杂问题的方法，是一种了解全局以及全局如何随时间变化的方法。能系统思考，看问题更像是观看电影而非观看快照。

系统思考是在尊重背景的基础上来解决问题的。例如，设计一把椅子时，要考虑它所在的房间；规划一间房间时，要思考它所处的屋子；构思一所房屋时，要尊重它所属的社区；管理一个社区时，要琢磨它周围的环境。

能做到全局式思考而非碎片式思考，就可创建出方案、产品或体验，它们可与更大的世界产生共鸣，从而创造广泛且持续的价值。

法则 8　留在龙潭

“龙潭”为**是什么**和**本能是什么**中的空间，充满了不适、黑暗和怀疑。大多数人宁愿抓住扔到他们身上的第一根绳子——**是什么**，而不是留下来与龙搏斗，捍卫**本能是什么**。但**本能是什么**正是想法的来源。天才能容忍不确定性带来的不适，同时想出尽可能多的方法。

我们在龙潭中发现未解决的冲突，实际上是创造力的主要来源。愿景与现实之间的差距产生了创造性的张力，它只能通过新想法来释放。没有创造性的张力，就无法推进另一种现实。这样，无张力的思考，结果就会不可避免地流于平庸。

创造力的秘诀在于将你的想法保持在“流动的状态”。让想法在相互撞击时变化、转换和重组。不要绝对地说**不**和天真地说**是**，要一直保持着**可能**的希望。尤其是在风险很高时，往往更需要勇气。古语说，不入虎

穴，焉得虎子。

创造性思维要求你离开**已知**世界，并冒险进入**未知**世界。如果你已很了解面临的挑战，所处的学科或行业，做到这点可能会很困难。已知世界常常很吸引人，它就像一块磁铁，将你的思维调在默认模式。

如果发现自己为固有知识所困，要快速脱困。问问自己原因是什么。是缺乏信息吗？如果是，那就去获取信息；是缺乏技能吗？如果是，那就去开发技能；是解决方案仍不存在吗？如果是，那就去与下一条龙搏斗。

法则9 间接找答案

创新的特点就是要令人惊奇。没有惊奇，就没有新意。没有新意，就没有兴趣。没有兴趣，就没有价值。所以，创造惊奇是通过创新创造价值的关键一步。

令人惊奇首先就要使自己感到惊奇，这困难程度会相当大，让你发疯，因为你已经了解了自己可能想到的大部分内容。你或许需要哄骗自己的大脑，使用以下一种或多种技巧，来发展新的思维模式。这9种方法可帮助你关联起看似无关的想法。

用隐喻法思考。隐喻用于描述两种毫不相似的事物间的联系，比如："世界是一个舞台。"将世界比作舞台，可更容易地想象，我们都是扮演了某个角色的演员。没有隐喻，你可能无法洞察到这层联系。

用图画思考。视觉思维可以让问题暴露出其本质，从而可展示出语言本身无法实现的极简关联。要实现视觉思维，你仅仅会绘制简笔画、箭头和谈话框即可。

从不同的地方开始。如果你一心想抓住“正确”的方案，那么精彩的方案终将远去。你会陷入知识的泥沼中，在已知世界里无法释放心灵。逃避这个陷阱最简单的方法就是拒绝正确方案，至少暂时拒绝，并偏好“错误”方案。尽管最糟糕的想法永远不会成为最好的想法，但它能让你发挥想象力，站在一个不同的起点。

从其他领域窃取。如果你窃取一个想法足够巧妙的话，大家就会注意不到。尽管窃取不如纯粹运用想象力那么难，但是将一个行业或学科的点子运用在另一个行业或学科，仍需思维方式上的飞跃。

安排相亲。要产生伟大的想法，常常要引入之前没有碰撞过的两个想法。运用一种称为“组合游戏”的技巧，你可以将不相关的想法糅在一起，看看能否创造一个新想法，使之成为天作之合。

反转对立面。尽可能多地记下对问题的假设，扭转这些假设。想想如果假设反转成真需要什么。其中一些的假设反转可能会带来新的想法。

问简单的问题。还能像什么呢？还有谁相信这个？如果我稍微改变下会怎么样？我可以消除什么？我能替代什么？这是原因还是结果？如果我改变时机会怎么样？如果我做得更大会怎么样？如果我什么都不做会发生什么?

关注偶然。在寻找别的东西时，你有时会有很好的发现。要关注那些异常、令人惊奇的事，或混淆期望的反馈，它们能开启对新领域激动人心的探索。

写下来。并非所有的想法都值得写下来，但这些想法可能会触动新的想法。在解决任何问题时，你都可以列出想法清单。保留一本笔记本、随笔集、剪贴簿或想法文档来记录。一支铅笔也可撬起潜意识中的诸多想法。

法则 10　等待觉醒

正确的想法出现时，情绪化的大脑会向身体的其他部分发出信号。是刺痛、是闪光或是觉醒，彰显发生了一些非凡之事。突然，世界旋转，上千个齿轮快速运转，浮现出深藏不露的答案，在眼前闪烁发光，让人不敢置信。培养捕捉这些信号的敏感度，也是保持创造力的一部分。

但如果只有你觉得自己的想法是新颖的，他人并不这么觉得呢?

另外，你如何知晓这想法出发点就不错？以下是对6项原创性测试的提问。

1. **它令人迷惑吗?** 一个伟大的想法应该令人不安，不仅让你感到不安，而且团队中其他人也会有如此感受，有些人可能会当场拒绝你的想法。这可能是个好兆头，因为新想法越让人不舒服，其潜力往往越大。

2. **它能一石十鸟吗？** 一个好想法往往能一石二鸟，而一个伟大的想法可以一石十鸟或一石二十鸟。

3. **它需要证明吗？** 如果一个想法无须证实，可能是因为它不够原创或不够大胆。而如果有人怀疑这个想法，要求出示证据和概念来支撑，那么这就暗示了该想法有原创性。

4. **它是否能推动改变？** 伟大的想法都不礼貌，它们从不抱歉，也不会试图融入。相反，它们迫使世界发生自卫式改变。

5. **它有可供性吗？** 衡量一个伟大想法的标准是它抛出可供性的数量和质量。可供性是想法中蕴藏的机会。对于客户、公司、行业或整个社会来说，可供性越多，想法越好。

6. **能否总结它？** 一个伟大的想法通常可用一句话来描述。它内部规则井然，目的明确且引人注目。如果你发现很难去描述想法，就不要往这方面努力了，而是要去修改想法。

法则 11　把美丽作为准则

世界上最伟大的科学家、哲学家和艺术家都会同意这样的说法：如果一个想法不美丽，那么这个想法就不创新。他们将**美**定义为一种完整或和谐的品质，能让人愉悦，感到有意义、很满足，从而赋予美特殊的诠释。一个美好的想法往往是一个伟大的想法。

虽然不能只是将美简单化为公式，但可将美视为一个体系，包含三个互动元素：**惊奇**、**正确**和**优雅**。

我们初次相逢任何美的事物，必会有**惊奇**时刻。惊奇是不再期望时又突然迸发出期望，如同法则 10 中的“觉醒”。这种觉醒之后的愉悦、意义和满足可以是温暖的光芒、愉悦的微笑或手臂上的汗毛直竖。从生理角度上而言，惊奇就是中枢神经系统的血清素。

正确，美的第二元素，是一种适当的责任，是一种特定构造，让我们所遇之事因果一致。

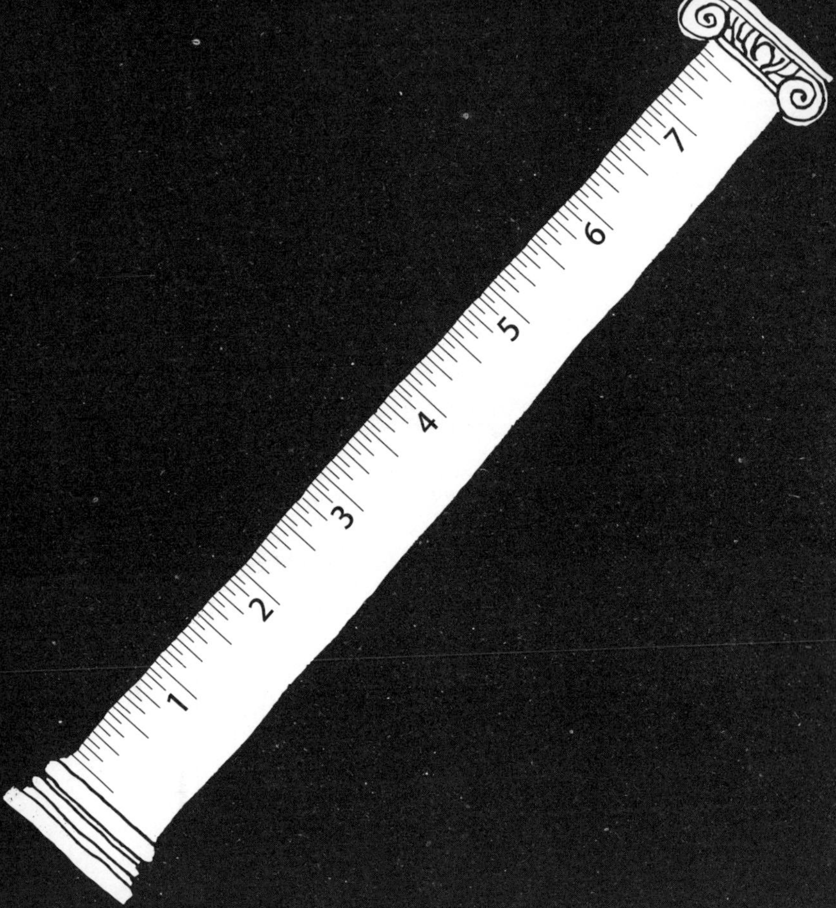
1
2
3
4
5
6
7

优雅，第三元素，其偏好简单和高效，拒绝浮夸和多余。优雅的想法往往含有最少的元素，从而整体实现目的。最佳想法看似如此完美，以至于人们想象不到什么更好版本。

当这三个元素能很好地协同合作时，想法就会产生巨大潜力，来改善周遭环境。

如何把美丽融入工作？根据设计原则来打造美丽。任何人都可以成为设计师，你只要有意愿，有能力来改善现状。本书的下一部分列出了这些法则。

一个
美好的想法
往往是一个
伟大的
想法

你用木屑煮沸它；
你用胶水当盐加；
你用蝗虫和磁带浓缩它；
仍在视野范围内留有一个主要对象——
保持它对称的形状。

——刘易斯·卡罗尔

第 2 部分　我应该怎样工作

法则 12　加快设计，缓慢决定

前 11 条法则关乎如何得到正确的想法。接下来的 13 条法则则是如何**让想法正确**实施。这需要加工、塑造和抛光想法，使之与想要的目的一致，你就能从思考者转变为行动派。

人们普遍认为，传统意义上的思考者就是要尽快作出决定。例如，在商业领域，管理者往往依赖两个步骤：**知道**和**做**。他们从一则案例研究、一本书籍、一篇文章、一项最佳实践，以及一段以往的经历中知道一些事情后，就直接采取行动。这个过程的缺陷在于可能减少产生新想法。知道——做的过程无法让人发现新方法，但可以降低风险，因此，这样做的人觉得很安全。这个过程无非是在阐述：做过去行得通的事，仅此而已。

更好作出决定的方法就是**创造**一个决定。在**知道**和**做**之间加入**创造**时，你就会产生新的想法。在选择想法前，发明能检测想法的原型和模型。创造是指**设计**前进的方向，而不仅仅是**决定**向哪条路前进。有一系列测试的可能性供选择，作决定也会更加容易。

“知道——创造——做”的过程是设计思维和创新的核心，是改变提升现状的过程。一家公司、一个产品、一栋建筑或一项政策都会涉及设计。设计可提升一份职业，改善一个习惯，加强一项技能或巩固一段关系。任何可变之物均可设计。

然而，新想法是很脆弱的。它们无法抵抗所谓恶意主张者毁灭性的批评或粗心的建议。因为一个新想法没能立即成功而拒绝新想法，就如同因为一个婴儿无法担任工作而放弃这个婴儿。新的想法是需要去保护和培养的，需要时间去塑造、测试、校正和打磨。

这是否意味着“知道——创造——做”的过程会减慢作决定的速度？可能是，也可能不是。但这确实打破了“知道——做”的过程，而该过程无法产生最优方案。在尝试创新时，最好加快设计，缓慢决定，深思熟虑，直至看到有价值的目标再释放能量。

法则 13　静态元素搭配线性过程

选择什么过程首先要了解你面对的是什么情况。简单还是复杂？构成元素是静态不变，还是动态不可预测？

许多项目都由相当静态的元素构成。即使像制作电影那样复杂的项目也可以作为简单部分的合集来处理。你可以将电影分解为一幕幕场景，然后将场景分解为一个个画面和一帧帧镜头移动。一旦脚本在手，就很容易明白场景是如何组合在一起的，可以按照自己喜欢的顺序在哪个点拍摄。场景组合为成品，言之有物时，你也会倍感自信了。

另一个例子是制作的过程。如果制作的步骤可预测，那么就会更高效。有些步骤可同时完成，而有些步骤必须按顺序完成。但最终，包含静态元素的所有步骤都能组合完毕。你就可以无穷尽地重复此过程了，不断做些小的改进，时机成熟时再升级整个过程。

A

↓

B

↓

C

这些是线性过程的例子。在许多情况下，线性过程可完美运作，比如生产一本说明书、发起法律辩护或组织一场婚礼。在每种场合里，你都可能会遇到意外和挫折，但只有少数情况下，你才需要重新全盘考虑整个项目。

在其他一些例子中则不然，比如你不能以相同的线性过程来处理音乐作品。你添加的任何音符序列都将改变整个作品的特征。每一个新元素都可能改变其他元素，从而影响整部作品。你试图确定作品时，它又会有新的变化。音乐作品是鲜活而又动态的。

建立企业、管理品牌或设计应用程序也是如此。这些都是复杂的活动，需要动态的过程。

法则 14　活性元素搭配动态过程

复杂的问题是在变化中的，处理这些问题时，它们不会静止不动。将复杂问题作为简单问题来解决，将其分解为可以一次执行的多个独立步骤。这样的结果往往是：解决方案（一）没有解决实际问题；（二）导致新问题；（三）基本无效。这只是因为你虽看似完成了任务，但并不意味着已经解决了问题。

复杂项目含有的元素是互动的，随着整体的每次变化，互动元素都会动态地发生变化。这要求一步到位的过程而非循序渐进。项目展开的方式取决于其本身。

以为新产品打造品牌做案例。品牌是客户对其产品、服务或公司的认知。因此，品牌建设的任务是为客户提供体验，帮助他们很好地感知产品。成功与否，不在于能完成多少任务，而在于改变客户对你所在竞争梯队的看法。你当然希望客户将你的品牌列在梯队中的第一或

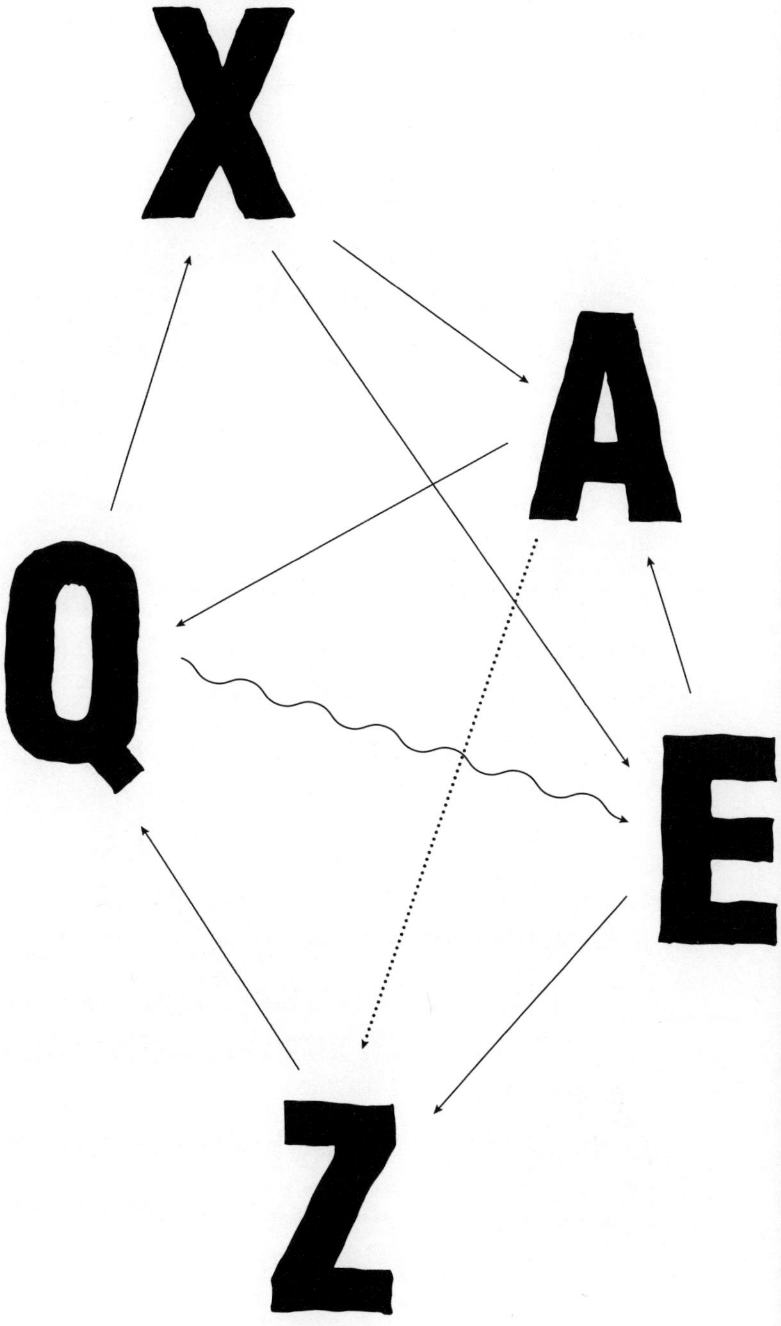
X
A
Q
E
Z

第二位，而不是第五或第六位。

你为客户设计的体验可能包括产品本身，产品的一系列信息，产品的包装、销售或交付方式。你或能打造一些特点，来取悦客户，这样他们会对朋友们口口相传，或撰写积极的在线评论。你也可以培训一线员工，以使客户满意的方式呈现品牌。你也可以设计一个项目，来鼓励增加客户的忠诚度，而不会有将客户送给竞争者的风险。除此之外，你可能希望赋予这些元素以新鲜感和想象力，这样你的品牌将让他人望尘莫及。

较之烘焙蛋糕，创建这种复杂的项目，与创作音乐更有可比肩之处。如果你试图一次一个地解决这些问题，那么你很可能会得到一个“转基因品牌”的称号，客户会认为这不过是拼凑体验罢了，无法匹配、混乱不堪。

设计复杂项目的较优过程是同时处理所有元素。当这些不同的部分从脑海中冒出，或在铅笔下流淌而出，或从团队方案中写出时，就让它们动态地相互影响，彼此碰撞并创建新的元素。让它们长期保持流动的状态，转换、变化，产生新的、令人惊奇的可能性。不停搅拌直到它们融合成一个无缝衔接的整体，新整体不再是各元素简单相加。

团队采用的这个流程谁都能参与进来，又可称作“蜂拥而至”。它节奏快速、令人振奋，非常适合有专业创意的小团队。这样的流程也会产生混乱，令人不安，故不适合胆小之人。

法则 15　找到恰当结构

每个设计都有其内在规则。天才的任务就是发现这些规则。最好的方法就是采用有逻辑的结构，然后根据你的需求、技能和项目的特定要求去调整。

例如，如果你正设计自己的房子，那么综合考虑场地、社区、预算、空间要求和个人品位等，最后你可能会建一幢三层现代主义的悬崖房，以利用好景观的优势并符合其特殊的工程需求。或者你也会设计成一个类农舍式住宅，融入周遭环境并适于一系列特定用途。每一种情况的设定都有不同的基本规则。

如果你正在开发一个网站，那么考虑的参数可能包括你的技能包、用户及其体验水平、导航可能性和品牌个性。根据网站的功能目的，可能采用杂志风格式排版，内含丰富、充满情感的图片；或可能会是一种纯印刷风格，导航实用、文案清晰。切勿使用千篇一律的方法，

每个设计都应符合其独特的目的。

这并不意味着每个项目都应大费周折，或必须打破一般原则。但每个项目都有其隐藏的结构，如果我们能够发现，就可以发挥其全部潜力。目的和结构若能相得益彰，1+1 就可以成为 3。

法则 16　以相似的方式表达相关元素

分组原则暗示了各个元素的目的，让任何设计都清晰明了。相关元素看起来应该相似，不相关元素则应相反。

例如，智能手机应用程序的设计者为每个功能图标都创建了类似的外观，意味着功能类型相同和导航重要程度相同。

为引导员工行为，公司的领导者可将员工的期望打造成长期宗旨、中期任务和系列短期目标，因此，每位员工都知道做什么，何时做，为何做。

说明书的作者可根据步骤、标题、图表、注意事项和提示等，来对操作说明进行分组，从而表明各种级别的信息。步骤可以编号，标题可显示为斜体，图表可用蓝色绘制，注意事项可显示在方框中，提示可用星号做标记。

分组的目标是简化理解，这样用户或读者、听众、观众、追随者、公民就可以凭直觉与设计者互动，而不必去揣摩设计者的意图。换言之，设计师应攻克难关，这样用户才能轻松。

同理，不相关的元素要用不同的方式去表达。如果你的汽车仪表板上布满相似的按钮：5 个雨刷按钮，12 个收音机按钮，2 个前灯按钮，7 个空调按钮等，你会发现每次使用如果不看操作手册，就很难弄清它们的区别。但根据功能的不同，将按钮进行不同分组时，就变得直观多了。

因此，超市将同类型的产品进行归类也是有原因的。一家超市的产品超过 2 万种，如果所有盒装产品就因为都是用盒子包装而放在一起，购物者会很难找到所需产品。我们倾向于根据杂货商品的用途进行分类，而不是按收纳它们的容器类型分类。番茄酱旁边是刺山柑，因为它们都是调味品；核桃紧挨着面粉，因为它们都是烘焙原料。

高度清晰有利于组织、设计和领导。你的分组方法可以决定它们为人所理解的程度。

法则 17　为功能匹配形式，为形式匹配功能

形式并不总是去配合功能，有时功能也会去配合形式。法则很简单，因为形式和功能应该是不可分割的。当某事物的形状符合其预期目的时，“联姻”似乎就不可避免了，就好像没有其他组合能存在一样。这是美的组成部分——**正确**，传达了明确的真实性、综合性、诚实性和完整性。

例如，从每把榔头相同的构成上就可窥见一斑，榔头有着熔铸好的金属头、弯曲的钳子，以及适合手掌形状的手柄。又如，大写字母 A，笔触是强有力、成角度的，人们立刻就知道这是罗马字母表中的第一个字母。再想想人们使用触摸屏界面的本能手势：滚屏、滑屏、单击或旋转。再思考下设计一项业务，让客户、员工、企业家和供应商都能获得想要的东西，反过来他们也乐于回报价值。这些就是形式和功能可以完美结合的

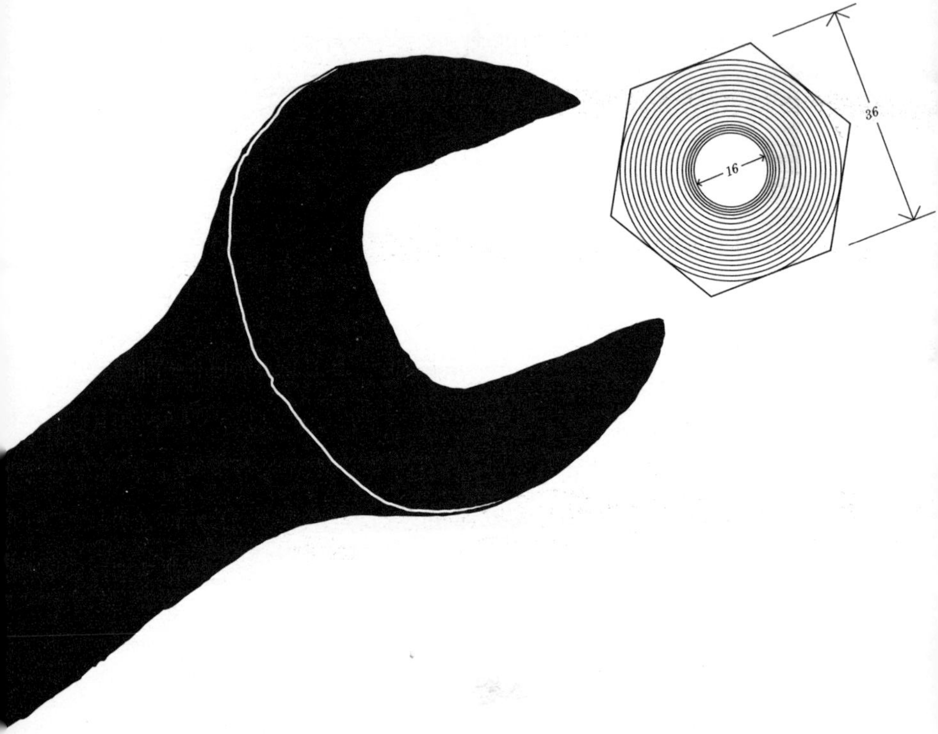
36
16

例子了。

听命于你的身体，感受它的欲望。旋转起想象力的车轮，直到停在正确的答案上。你找到正确配对之时，就会喜不自胜。调校对这种感觉的敏感度，不要轻易满足，直到找到为止。

这并不是说真正的天才永远不会有意错配形式和功能。但即便如此，有意错配如果能达到目的也是好的。请记住，法则的第一条就是打破法则。

法则 18　不要无趣

沉闷执行是扼杀闪亮想法最常见的方式。无趣会干扰理解；在寻找需要注意的事物时，无趣会让思绪无法集中；无趣无法让观众投入情感，只会将观众的体验转化为一种乏味的智力锻炼。

毫无疑问，惊奇是无聊的解药。惊奇是创意兵工厂中最强大的武器。惊奇可改变期望，又能吸引注意力。在聚焦重要的事情时，惊奇可排除其他干扰源。

惊奇呈现的形式有戏剧的、震撼的、智慧的，甚至是极端美丽的。它还可采取对比的形式：暗与亮，大与小，快与慢，简单与复杂等。体验惊奇只需感知，我们以此注意到不同的事物，然后触发情绪。如果情绪足够强烈，我们就会记住并赋予其意义。

以下是一些惊奇创意的例子：

一则笑话最后的妙语

一道开胃菜中迸发的香甜
破坏一个行业的一项发明
简单句子中一个华丽的辞藻
出现枪声的一部安静影片
一部快节奏小说中的闪回
用粗犷声音演唱的一首温柔民谣
突然爆出的粗口
小主题的大刻画
自嘲式幽默
一段常规舞蹈中的静止时刻
一件具有新功能的古板产品
一段残酷的真实观察

当然，如果你滥用惊奇，那惊奇就不再。惊奇就会变成你希望克服的背景噪声。它是你的秘密武器，要有战略地使用。

富有

创造性

的惊奇是你的

秘密武器

法则 19　在希望引起注意处设置惊奇

让人惊奇的法则在于：引导人们关注你想法中最重要的部分。不要随意撒播惊奇，否则会导致人们因注意力分散而失去焦点。

以下是运用惊奇引导注意力的一些例子：

你为一首流行歌曲谱写了一个特别吸引人的音乐段落。就要确保那个段落里包含了最重要的歌词。

你为一件产品添加令人兴奋的新功能。就要确保该功能强调品牌中最引人注目的与众不同之处。

你为企业设计商标。就要确保商标的象征和形式可以体现出企业的战略独特性。

你的电影剧本有一个感人至深的场景。就要确保此场景能够成为影片的转折点或主题的浓缩。

你制作幻灯片。就要在那页最富戏剧性的幻灯片中呈现最引人注目的观点。

你为一则广告撰写标题。就要把最强有力的词放在句子末尾。

尽管这些例子看似显而易见，但你一处在创作的狂热中时，就会很容易遗忘这些。好在完成初稿时做出改变还为时不晚。事实上，这通常还是最佳时机，此时你知道了自己拥有什么，作品却还未呈现给他人。

法则 20　有意应用美学

美学是一套工具合集，工具中有如形状、节奏、对比、比例、颜色和质感，这些可用于创造美和欣赏美。大多数富有创造力的人都对美学有着天然的亲和力，在体验各种技巧和技术中学习。这些技巧和技术可赋予他们想要的效果，他们不自知这就是**美学**，但经常不知不觉地运用了这些技术。

其他人会很快将整个美学概念抛诸脑后。他们认为，没有创造美的普遍法则，任何持反对意见之人都不是真正的艺术家。

但美学不是一本法律书，它更像是一盒玩具。在玩这些玩具时，以各种方式将美学应用到项目中，你会发现它们可为工作带来清晰、兴奋和精微玄妙。一些更普遍的原则请参照对页的插图。

如果你觉得这些美学原则看似很抽象，那可能是

规模

决定一个元素或元素集合的大小，以取得最佳效果

序列

按时间顺序排列元素，以控制信息展示及体验的方式

节奏

安排一组序列的节奏，传递如强度、速度、平静或尴尬之类的经历

质地

通过如粗糙、顺滑、凹凸、黏着或模块等可触摸的质地，来唤起情感或创造兴趣

冲突

通过加入不一致、不协调或异常来创造紧张感或引起智趣

姿态

通过运用下意识的夸张动作来传递运动的一种感觉或描述一种体能运动

紧张

在两个或者更多元素之间设立冲突，以引起情绪上的兴趣

对比

强调元素之间的差异，以创造戏剧性效果，澄清观点，展示比例，或表明层级

对称

运用镜像平衡来制作一个物体或作品，以创造稳定、平静或优雅

透视

创造物理空间的一种幻象，或决定元素之间的远近

归类

将元素放在一起，或将它们按照一个类别进行安排，从而表达一种关系

形状

划出界限，以创造物体的形式和内容

平衡

将各种元素排列组合，打造令人愉悦的整体，以得满足、高效或清晰

模糊

组合互相矛盾的意义或经历，以引发新的含义和经历

和谐

将同一种类别的元素安置在一起，这样它们可以相得益彰而非互相冲突

因为你还未体会到其分量，也没在实际任务中有意识地应用。

经过足够的练习，美学原则会开始起作用，有力扩展创造力技能。美学选择永远没有对错，只有好坏。试试看吧。

法则 21　利用草图、模型或原型实现可视化

我们对新问题的直觉反应并不总是有效。如果你直接从**知道**的阶段跳到**做**的阶段时，你就容易发现自己的反应并不充分，偏离目标，或完全不对。这是因为一个问题的解决方案并非是万能钥匙。

但是在中间添加**创造**，就不仅会改变你所**知道**的，而且会改变你可能**做**的事情。正是基于想象而创建的一系列假设，使你可对其设计原型进行测试并做出改进。你将想法还原的原型越多，就会越了解解决问题的可能性。想法流动，机会的音乐会弹奏得更加欢快。

让头脑和双手一起工作。制作草图、构建模型或组装原型。一个完成后接着另一个，每次尝试，你都会发现新的创造可能。头脑与双手互相对话。这种对话被称为**生成性思维**，只在创造事物时才会产生，是设计的积极因素。

但你要是没有绘画技巧怎么办？就是笨手笨脚怎么办？如果你连一个三明治都不会做，更不用说创建原型怎么办？你会惊叹有新想法并不需要多少这方面的技能。虽然训练有素的双手可以降低许多挑战的难度，但有的挑战只需能画画简笔画、切割纸板或将各种物体粘在一起即可。我们的目标是让原型向你反馈，使你感到讶异并以新的方式思考。

如果不对想法建立原型，就很容易回到**知道——做**这样解决问题的老路，这无法测试想法在真实世界是否适用。仅从理论上而言，理论与实践之间没有区别。但从实践来看，得到的答案恰好相反。

法则 22　拥抱混乱

几乎无法完美协调创造力与洁净。雕塑家在工作室里会把金属粉尘弄得到处都是。作家必须在杂乱的笔记、书籍和皱巴巴的草稿中跋山涉水，才能来到办公桌前。摇滚音乐家必须穿过一团电缆、黑匣子、吉他架和歌曲创作笔记，才能坐下来创作。商业战略家必须在白板上的一堆涂鸦、箭头和对话框中进行搜索，同时还要避免因必读文章上的多彩便利贴而分心。

在清理干净桌面或工作区之前，你可能会发现无法发挥创造力。这完美阐述了一种心理感觉。每个新项目都需要一个干净的空间。每个新项目都需要一点额外时间来启动思想的齿轮。但是，一旦齿轮开始转动，项目开始启动，混乱就是工作的一部分。不用担心，除非你需要更多空间或准备开始新项目，否则不要先尝试清理。乱就乱吧。

靠创新驱动的公司必须接受这个现实。当员工在创意的龙潭中战斗时，公司应提供开放且流动的空间，能长时间包容混乱。在这个阶段，混乱不是恶习，而是美德：混乱近乎虔诚，洁净可以等待。

法则 23 在现实中测试想法

问题：如何预测在现实世界中能否实现一个想法？

答：在现实世界中**测试**。

许多企业家认为无法测试新想法。因为在他们看来，人们无法预测自己会购买或认可什么东西。虽然这基本不错，但企业家忘记的是，只要新想法进入市场，就会一直接受考验。进入市场，想法的缺点就显而易见了，修复问题为时已晚。

要解决这个表面的悖论，就得在推出想法前将其曝光在市场中。你可以运用原型建立和推出少量测试样品，来模拟真实世界可能的遭遇。

例如，你可选择部分用户，在两种测试方法中选择一个来测量品牌信息的效力。向不同行业的潜在客户分发样品，从而评估新产品的功能。可在小市场中初设一家商店，来尝试一种新的商业模式。可在商店货架上放

置一系列样品，然后与在那购物的顾客交谈，来测试零售计划的销售潜力。

虽然这些都不是最完美的情况，但已经很接近现实生活，能提供有用反馈。你不需要精准的信息就能对新想法作出自信的决定。你只需要**减少不确定性**。没有预先测试环节，只有两种选择:（1）承担相当大的风险并接受后果;（2）最初就消除想法中的创新，从而降低风险。

提示：测试新想法不要过于聚焦某一群人，他们只是“聚焦”产品开发者和营销者的想法，而不会预测新想法未来的销售或判断其市场价值。不要聚焦特定人群，而要运用最富创造力的判断，构建原型，并在现实中向客户一次一个地展示。

法则 24　简化

人们倾向于认为，简约和复杂是对立的。但事实并非一定如此，简约的敌人不是复杂，而是混乱。复杂的敌人也是混乱。但复杂是通过加法来寻求秩序的，简约是通过减法来实现的。

设计的目标是同时通过最大化简约或复杂来消除混乱。在大多数产品设计中，我们认为最好的产品易于使用、理解或购买（简约），但能提供丰富且多层次的体验（复杂）。

大多数人都不自觉偏爱加法而非减法。出于某种原因，想要“更多”是天性使然。但是，创新者知道任何设计的价值不在于堆积多少，而是丢弃多少。多即是多，但少即是精。

以下有 7 种方式简化工作。

1. **逐个删除各项元素进行测试。**一项设计不应有那

2

1

3

些不必要的部分或无谓的元素。看看减去一个元素是否会损害整体设计。如果不会，就删除它。

2. 放弃多余功能。更多并不总是更好。围绕一个或两个主要功能来设计，把其他放在次要位置。

3. 杀死吸血元素。确保没有任何元素与更重要的元素相矛盾，让人分心。

4. 有逻辑地设置元素。尝试对元素进行编号，使其井然有序。可按线性、系列或时间来排序。

5. 分组。如果设计的目的需要大量元素，则按使用、意义、尺寸或其他组织原则对其进行分组。

6. 在简单界面后隐藏复杂。为人们提供直观的控制方法，帮助他们在复杂中游刃有余。例如，虽然电网很复杂，但是一个灯的开关使人们很容易使用电源。

7. 让各个元素服务一个目的。所有元素都支撑一个简单目的时，整个设计将显得简约。

鲜有天才的作品有复杂的外表。你可以用一个句子概括这些作品如何伟大，进行略微的修饰也不会破坏其简约。这就是减法的力量。学会简化时，就会发现，最好的设计工具是一块长橡皮擦，而铅笔在另一头。

21 世纪的文盲

不再是那些

无法读写的人，

而是那些无法学习、

无法摆脱弊习、不能重新学习的人。

——阿尔文·托夫勒

第 3 部分　我如何学习

法则 25　了解如何学习

学会如何学习是一种元技能，是适用于学习本身的技能。学会如何学习可以使知识倍增，进步加速。当你学会成为自己的老师时，就可以获得想要的任何技能。你可以在上一个习得技能的基础上快速掌握新技能。在相关学科融会贯通并已深刻理解后，就可以横向运用一项技能。有能力指导学习可促进个人快速成长。

自学称为**自我启蒙**。这需要你开发出自己学习的一套方法，这是获取新知识的个性化框架。尽管每个人的框架都不尽相同，但以下 10 个原则你在构建框架时可运用到。

1. 通过实践学习。除了用脑外，我们再运用双手、感官和整个身体，就能学得更好更快。

2. 找到有价值的工作。并非所有工作都具有教育性、重要性或趣味性。要寻找你认为有价值的工作，否则一边嫌弃一边工作实在太难了！

3. 运用习惯。从需理性处理日常事务到下意识即能处理，大脑就形成了习惯。习惯让你不需要有意识努力，仍能执行熟悉的任务，这样可以释放精神资源来应对新挑战。

4. 聚焦目标。周围纷繁的事物很容易分散注意力。一个天才能学会在很长一段时间内专注于一项任务。

5. 培养记忆力。尽管在网上都能找到一般的知识，但你需要随时准备储备好与技能特别相关的知识，并记住它们。

6. 提高敏锐度。天才的一个关键特点是能在相似结果中找出细微的不同。要有意识地识别出仅仅不错与真正伟大之间的差别。

7. 拓展边界。为了不断成长，制定目标时总是要略微超越目前的能力。

8. 自定义元技能。直觉、情商、批判性思维、想象力和其他高级技能会对你的学习方式产生重大影响。要聚焦那些可推动专业成功的元技能。

9. 满足欲望。如果你真的非常迫切想得到什么，永远也不会放弃，成功最终会向你抛出橄榄枝。通过阅读书籍、浏览文章、与人交谈和参加会议来保持激情的火焰。

10. 直面恐惧。承担舒适区外的项目和责任。寻找变通方法，减轻恐惧。任何天才都会告诉你，直面恐惧就能消除恐惧。

直面恐惧

就能

消除恐惧

ERASED.

法则 26　把好奇作为初心，而非盲目相信

固有的意识对学习无益。一旦认定某事，那探究的精神就消失殆尽。如果你认为气候变化与人类活动无关，那么就没有能改变你行为的理由。如果你认为新技术总是有益的，那么就没有提出质疑的理由。如果你认为自己公司业内最佳，那么就没有进一步提高的理由。无疑，固执己见会阻碍想象力、创新和进步。

有一句古话：眼见为实。这指的是，人们必须看到证据，才能接受事实。然而对于大多数人来说，所信为所见。一旦我们相信某些事情，就已将其视为真理了。心理学家将这种现象称为**确认偏见**，确认偏见会恰好屏蔽与我们信仰体系相左的干扰事实。

抱有强烈的怀疑态度是天才的一个关键特征。天才的初心不是盲目相信，而是好奇、惊讶、怀疑或打破旧习。凭借运气和毅力，你将在从未知到已知的这趟旅程

沿途发现新信息。

法则很简单：如果你在寻找真正的知识，请与固有意识保持距离。假装自己是一个之前不了解地球生活的外星人，只在必要时才依靠既有信仰，即使在那时，也要将相信的事视为对知识的提醒，而非知识本身。

法则 27　做自己的项目

你如果是为自己选择的挑战而努力，事情会变得不一样。你的头脑就会像吸铁石一样，开始吸引点点滴滴的信息，帮助你解决问题或完成项目。尽管任何形式的挑战都可让头脑磁化，但若自身激情或目的带来了挑战，磁化效果则会最好。

做自己的项目时，你会充分发挥以下 4 种能力：（1）对发现和创新始终不渝的热情；（2）将大量知识变成清晰体系的才能；（3）将知识体系转化为行动的技能；（4）长时间深度集中注意力的能力。

这些都是天才的特质。在每个人的生活中，都会在以上方面取得一定程度的成功。但天才所做的是将这些特质转化为终身习惯，随后表现为技能。技能不是我们生来就有的，而是通过后天努力得到的。在处理我们最感兴趣的各类项目、问题和挑战的过程中，就能发展技能。

虽然你不能总是按照自己的意愿去改变职场，但你可以在工作之外或下班之后寻找零碎时间练习技能。较之日常既定的工作任务，这些经历更能帮助你发挥创造的潜力。

法则 28　保留英雄档案

创造性学科的学生有时会担心，如果自己受到教师、从业者或其他学生的影响，可能会失去个人风格。他们认为模仿是创新的敌人。这些学生认为其所需的独特天资若天生不具有，就永远不会出现。

对此，真理有且仅有一个关键。我们真正学习的方法就是站在别人肩膀上。我们通过观察前辈从业者工作来获取技能，最终变得足够强大，以支持一批新人。

要发展鲜明的个人风格，就要打开胸怀，尽可能接受最广泛的影响。仔细观察你所钦佩的从业者、团体和文化作品，欣赏时打着自己的小算盘。看到你希望能做成的事，去复制、去拍照、撕下来、记下来、放在文档中、钉在板上、粘在书里，或放在书架上。你本能的好恶就是过滤器，所以收集的例子会与你未来的作品风格类似。

每次启动新项目时，请回头看看你的英雄档案，并运用其中的例子作为衡量质量的基准。不要放弃努力，直到取得令人倾慕的成就。

当然，站在巨人的肩膀上是一回事，紧紧抓住他们的裤腿是另一回事。切记汲取他们工作的基本原则，而不是照搬作品，直接复制只会让你受益甚少。学会提炼和应用原则才是通向天才之路。

法则 29　投资原创

制作原创作品的能力是罕见而宝贵的财富，这种能力是创新、战略化差异和社会进步的核心。它赋予了"前所未有"的品质，可吸引注意，填补空白，创造财富。复制他人的原创作品是做不到原创的，你必须重新开始。

原创力既不完全来源于事实性知识，也未否认事实知识；相反，将事实性知识置于想象中可获取原创力。想象力是指无须感官感知，就可以想象出精神画面、感觉或概念的能力。虽然这种能力每个人与生俱来，而天才是会培养、应用并投资想象力的人。想象力是一种可习得的技能。

根据知识的质量和想象力的水平，原创力可分为 4 个象限：（1）在同一领域可适用的想法；（2）在不同领域可适用的想法；（3）对自己而言的新想法；（4）对世界而言的新想法。

如果你储备的知识和想象力不多，你或许可以从竞争对手那里借来想法，并根据自己的目的进行调整。尽管并非真正原创，但这个想法仍可足够新鲜。伏尔泰称："原创只不过是明智的剽窃。"你可借此聊以慰藉了。

但如果你有一些经验，而且具备相当广泛的学科知识，那么将少量想象力应用于较广的知识基础中，你或许能从不同的领域，如另一个行业、学科或文化中改造一个想法。在这种情况下，你的原创力等级会更高，与其说是剽窃，不如说是借鉴。

又或许你的知识储存很少，但想象力却很发达，你或许可以发明一个从未有过的想法。尽管他人在不知情的情况下可能有同样的想法，但能想象出"对你而言全新"的想法就是迈出了成为原创思想者的第一步。

随着你积累越来越多的知识，并通过刻意练习锻炼想象力，"对你而言全新"的想法就能变成"对世界而言全新"的想法。此时，你已经非常明了什么已经完成，什么还未做到，并拥有足够的创造力，用惊异的想法填补空白。

原创力不仅仅是明智的剽窃，它还能让梦想、让思维跳离逻辑的条条框框，最终产生新事物。很多人曾认为原创力就像许多技能一样，是与生俱来的，其实这是必须习得的。

4 个圈中内容：对你而言全新、对世界而言全新、同一领域改造、其他领域改造。竖坐标：想象力；横坐标：知识。

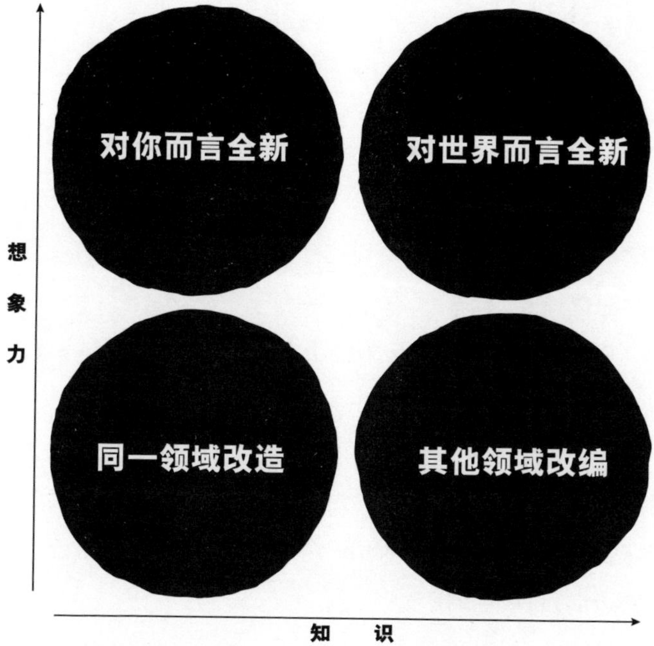
对你而言全新
对世界而言全新
同一领域改造
其他领域改编
想象力
知识

法则 30　有战略地学习

你可以学到任何东西，但无法学到所有东西。因为大脑阁楼的空间有限，所以需小心选择装进的物品，有目的地选择。

例如，若你的目标是为电子游戏带来电影般的特效，你的大脑里应装满电影、图画小说和具象派艺术的历史；应关注舞蹈、运动和音乐；应掌握贸易的数字工具，并对新兴技术有浓厚的兴趣。尽管你完全可以胜任驯狗的兼职，或在牙科卫生方面开启第二职业，但这都可能会减慢迈向目标的步伐。

这是一个竞争激烈的世界，超越竞争对手的最佳方式就是比他们学得快。但这并不意味着你必须周复一周，月复一月地熬夜，埋头书本或眼不离屏。这无关知识量的多少，而是关乎战略一致性。你的学习是否符合目标？学习会使见解更鲜活或使理解更深刻吗？只要你

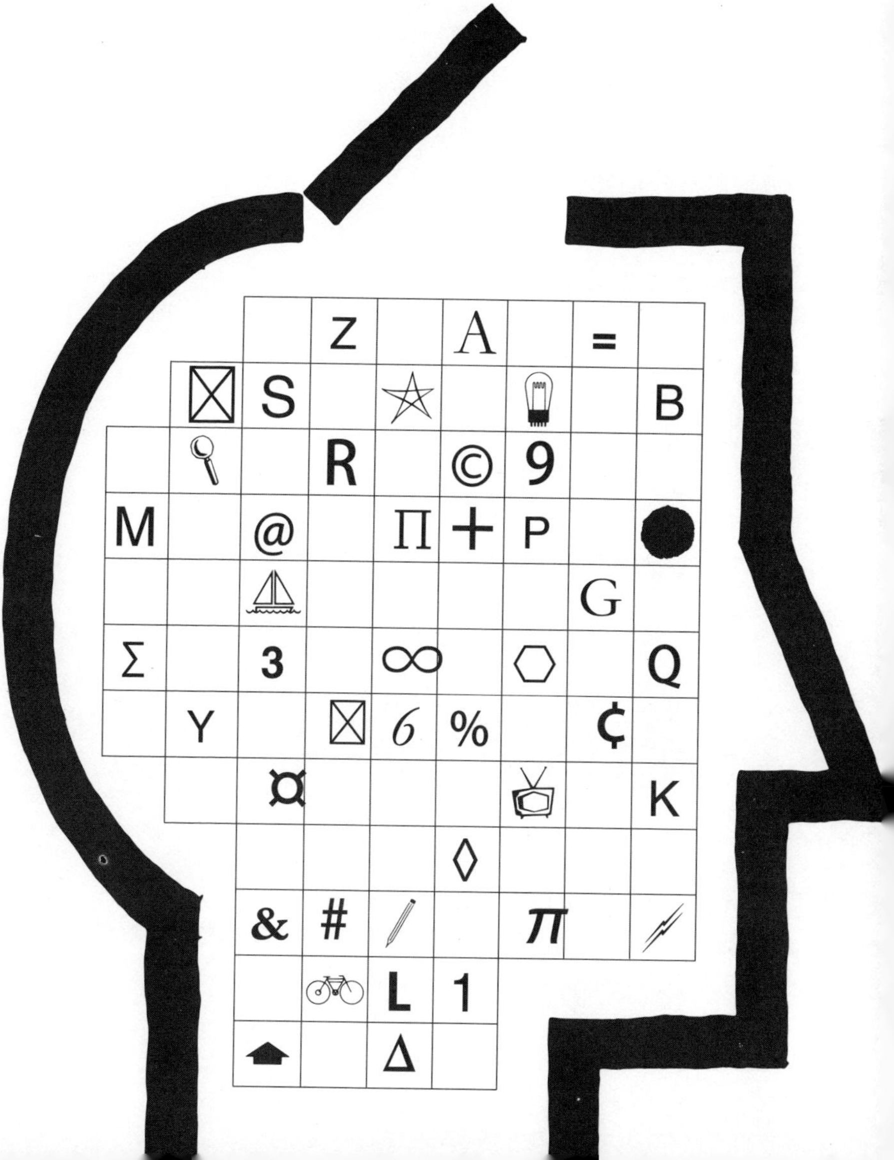

是有战略的而非漫无目地的学习，就有充足的时间来学习需要知道的一切。

长远来看，学习的**方式**比学到的**东西**更重要。你知道如何学习时，就会使用最强大的元技能了。这是观察自己思考过程的一种自我意识。就在你需要时，“元认知”会告诉你何时且如何运用一项特定的策略，可以获取最有用的知识。“元认知”节约了时间和精力，因此你可以学习更多东西，从而可节约更多的时间和精力。这对你和你兼职训练的狗都很好。

法则 31　弥补弱点

关于发展技能，有两种相互矛盾的观点。第一种主张依赖优点，忽略弱点。第二种主张强化弱点，直到成绩单全部为优。不幸的是，这两种都无法培养出内在天赋。

事实是，杰出聪明的人通常也不是全才。他们喜欢的主题或活动往往是自己的优势所在，然后在这些方面不断增加技能，其他的主题或活动就开始走下坡路了。这样，他们越来越擅长自己所喜欢的事，但在其他领域缺乏的能力会限制他们的成功，产生的效果就互相抵消了。想想缺乏恰当人际交往技巧的工程师，或无法做到收支平衡的企业家。

补救才华横溢偏颇不平的良方，就是简单地弥补不足，而不是试图消灭。你不需要有成为思想领袖般的演说技能，只需要有原创的想法和站在讲台上传达想法的勇气。你不需要像莱昂纳多·达·芬奇这样伟大画家的绘画才能，只需要掌握美学，并能洞察艺术未来热点即可。让弱点不弱，这样你就可以自由自在地发挥优势了。

一位天才关注的主要是以下 3 个方面：（1）原创力（想象力的应用）；（2）工艺技巧（工具的掌握）；（3）效率（工作的完成）。如果像许多富有创造力的人，那么你可能只擅长其中两个方面；你需要做的就是弥补第三个方面不足的短板。例如，如果你在原创力和工艺技巧上做得很好，那么就要优先考虑速度。如果你在工艺技巧和效率方面表现出色，那么就要优先考虑原创力。如果你的效率和原创力优点突出，那么就要优先考虑工艺技巧。弥补好最薄弱的领域，你的天赋就可以自由翱翔。

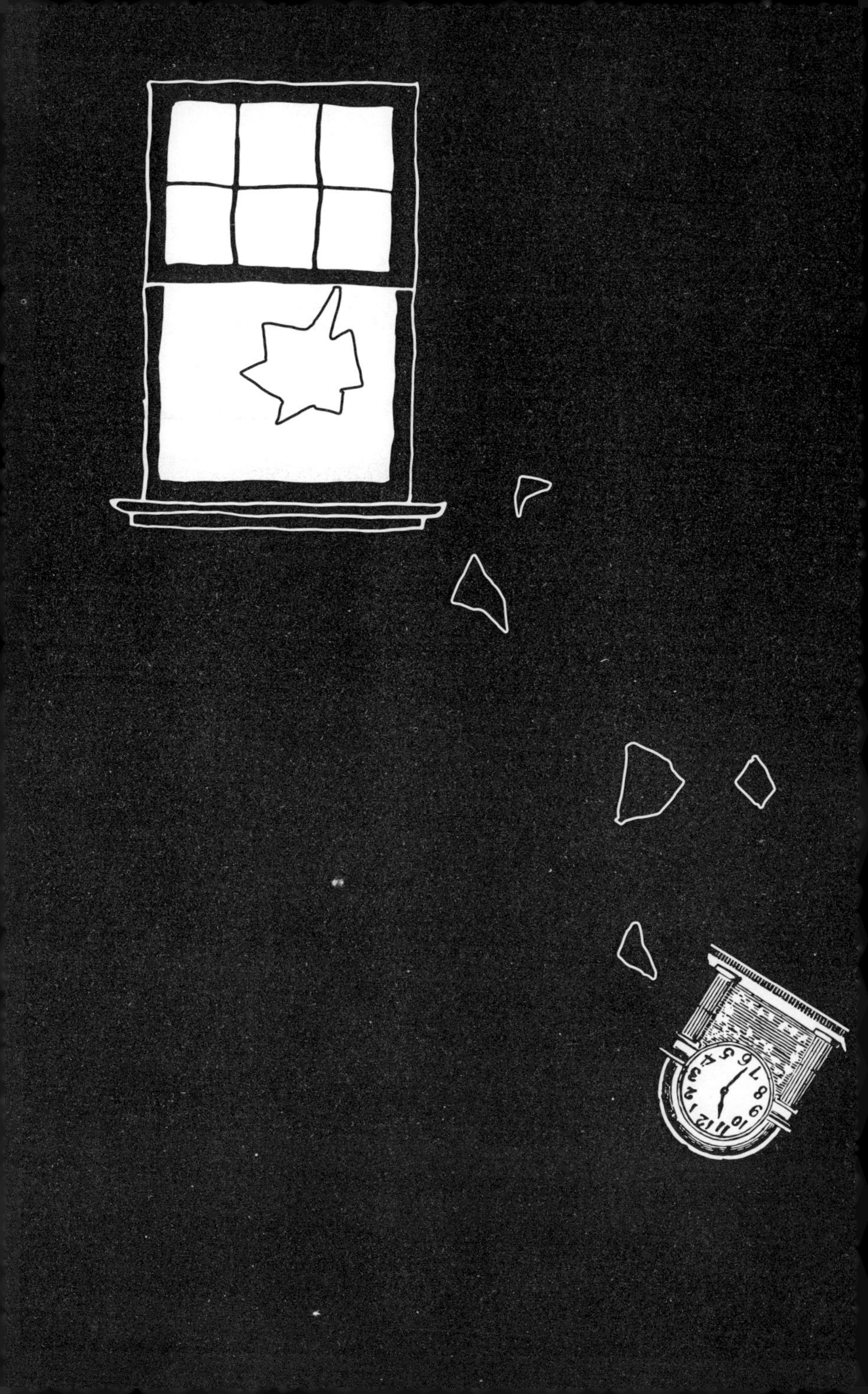

法则 32　长时间泡在快乐区

如果工作让你感到快乐，就会学得更快，这就是**嬉戏**之学，或说在玩中学。嬉戏之学如此有效，是因为它能滋生积极情绪。情绪可引起注意力，注意力可驱动学习。从生理角度看，富有创造力的玩耍可以释放内啡肽，这种微小的分子可让人心情愉快。你快乐，就会更有创造力。不快乐，直觉就会关上大门。快乐和创造力总是相辅相成的。

你怎样知道自己何时是快乐的呢？你忘记了时间，沉浸在工作中，此时便是快乐的了。这并不意味着工作任务突然变得容易，或意识到自己玩得很开心，而是你完全沉浸在自己的挑战中。你工作的状态正适中：不会很容易，不会很难，恰到好处。处于这种状态下，人们学习新技能的速度可以 10 倍于焦虑时（任务过于艰巨）和无聊时（任务过于简单）的速度。工作若是妙趣横生，漫漫长日也会如白驹过隙。

人们普遍认为，创造力的出现似乎“不合时宜”，好像时间并不重要。但人们不太知晓的是，创造力实际上是需要时间条件才能蓬勃发展的。培养创造力需要多少时间，就去花多少时间。越是匆匆忙忙，收获越少；越是从从容容，收获越多。期望在一天内获得顿悟，或一周内就收获创新绝不合理。但如果忘却时间，这些或许就能达成。

富有创造力的学习给予了自由，即平衡个人能力和面对挑战的自由。你必须确定自己的优势，在适当的平台表现，空出必需的时间进行实验，突破理解的极限。嬉戏之学常常是通往天才之道。

法则 33 犯有教育意义的错误

在创造力领域，错误不是错误，而是线索。每一个错误都展示了你试图揭开答案的部分神秘面纱。

事实是，如果你已知道如何进行一个项目，就不需要创造力了。你会按照旧例，阅读手册，完成任务。只有不知道答案，探寻未知的旅途时，才需要创造力。在此类旅途中，哪怕是失足也是前进的步伐，每一个错误都会让你离答案更近。

但有一点要注意：你犯的错误应该是勇敢的、聪明的、全新的。因为如果你只做熟悉的事，就只会重复得到已获得的东西。你必须尝试、失败再学习，然后尝试新事物，以不同的方式去失败，去学习更多。

你在创作原型时，就是在做一个预测，是看看什么有效、什么无效的可测试假设。这与大脑的运作方式没有什么不同。大脑根据现实不断作出预测，同时多巴胺

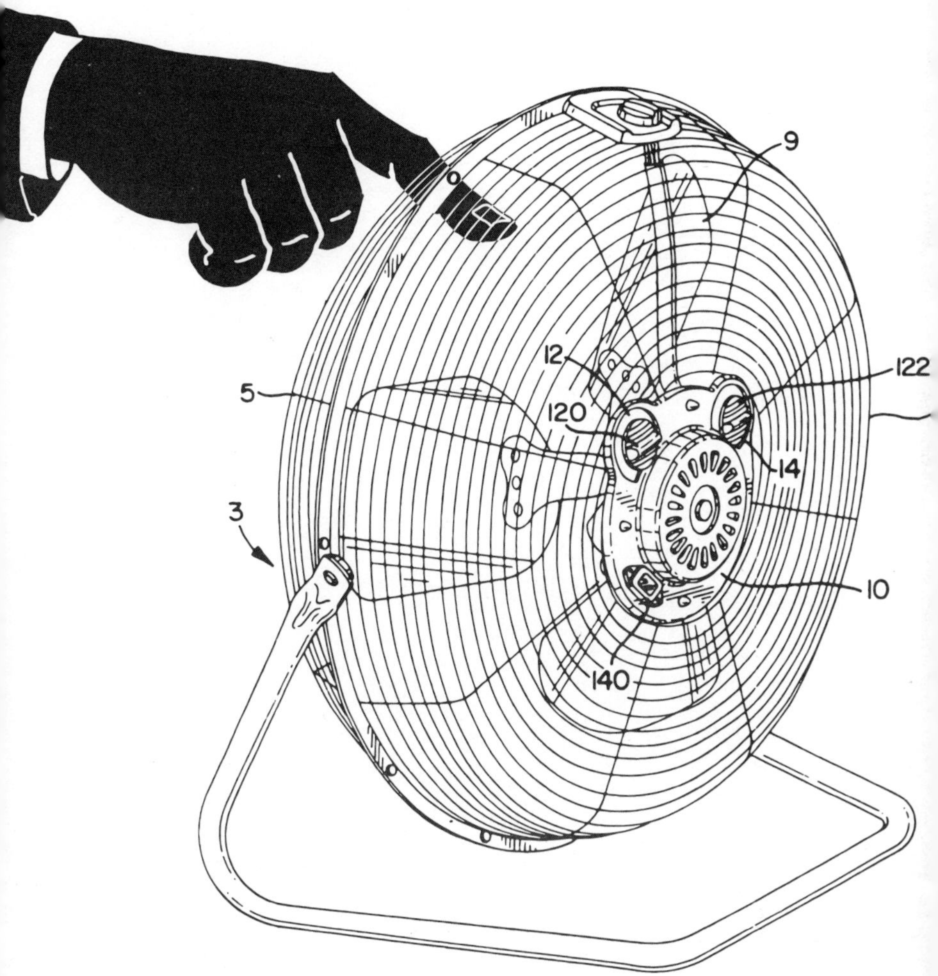
9
12
122
5
120
14
3
10
140

就会不断增加。在预测正确之前，之前的版本就肯定是错误的。一个个错误的预测就变成了“闹铃”，将多巴胺转化为一种情绪，作为知识存储在记忆中，情绪越强，记忆越深。

有目的地去尝试的失败，好处之一就是可以获得丰富的资源。资源最丰富的人往往尝试最多的方法，承担最多的风险，经历最多的失败。不断尝试、失败和学习的过程提供了丰富的反馈，可解决各种各样的问题。

创新者的经验是：别害怕失败，去拥抱失败。大胆失败，失败常有，尝试不断。请记住，取得的任何成就均始于犯错。

取得
任何成就
均
始于犯错

法则 34　寻求启发性批评

在创意模式下工作，你的想象力会更加丰富，直觉会更加准确，但你也更有可能犯逻辑错误。在创意模式和批评模式间来回切换很困难，因为这需要在精神上和情感上付出诸多努力。定期寻求人们的反馈是避免逻辑盲点的最佳方法。寻求反馈的对象应是对你的想法提出有**启发性**的而非**建设性**批评的人。发挥建设性是你的任务，因为你才是创造者。你需要的是来自外界的清晰观点。理想的批评者会：

1. 倾听你的想法，提出问题，不立刻回应；

2. 努力根据你的具体意图判断想法；

3. 以看似公平甚至富有洞察力的方式总结想法；

4. 确定他们对你想法认同或赞赏的任何方面；

5. 最后，确定他们质疑或发现漏洞的方面。

然而，在现实世界中，你获得的反馈可能是反应强

不确定
太棒了
与众不同
呀
错的
明白了
大爱
嗯
精彩极了
好的
哇
再来点
基本上
好吧
啊呀
奇怪

烈的、主观的、消极的，或不那么富有洞察力的。有时你会发现，略微修改作品就可能消除反对者的疑虑。要抵制与他人争辩的诱惑，试着理解持有批评意见者的立场，尽力尝试任何建议，并始终表达感激之情。如果你客观看待这些建议，即使不相干的反馈也是有益于启发的。那些杀不死你项目的批评建议可以让它更强大。

法则 35　燃烧激情

时间管理不如**激情**管理能产生那么多创造力。激情是创造天才的引擎，是你对自己的主题、项目、职业发自内心最深处的兴奋。尽管你每天时间一定，但可几乎毫无限制地扩展激情。只需要一点管理技巧，你就可以激发、拓展、强化激情。

关键在于我们需要将激情视为一种资源，像一个储蓄账户或一个果菜园。如果想维持一个银行账户，就需要往里面存款。如果想要一个菜园，就需要照料植物。如果想培养激情，就需要投资自己的项目、学习和灵感。投资的形式可以是阅读、参加研讨会和工作坊、去实习、从事公益工作、休假或简单地做你喜欢的项目。目标就是以新的活力和新的创意返回工作。

但激情从何而来？有些人拥有的激情比其他人多吗？有人会在这个游戏中作弊吗？最佳答案是：对于我

们每个人而言，天生都会怀有一定的激情，然后我们要根据自己的能力和欲望来激发激情。

你可能是这种人：一夜之间深深爱上一个主题，但兴趣却难以维持数月。或者恰恰相反，是这样的人：需要花很长时间才能培养出一个兴趣，但却会坚持数十年不放弃。还有些人兴趣非常广泛，但似乎无法专注于一个；而另一些人则时常沮丧，无法对任何事情提起兴致。

虽然每个人的情况各不相同，但原则是相通的：激情驱动创造力。请燃烧激情，对它倾心保护和照顾，让其得以成长；还要把激情作为可再生资源进行管理。

法则 36　发展真实的风格

每个人都有自己的工作风格，但不是每个人都有“好的风格”。审美原则决定美，这种鉴赏方式即为好的品位，而好的风格源于好的品位。把品位作为识别什么是美的能力；把风格作为运用品位的方式。当然，个人风格是独一无二的，取决于各种因素，包括你的目标、职业、训练、文化、生活经历以及个人习惯。

但好的品位呢？是非常个人化的还是普遍通用的？在这点上，我们无法将其清晰界定。谈到品位，不可能将个人品位与通用品位分开。尽管如此，最好还是把美好的品位视为一种普遍的理想，这是通过解决人类对快乐的深层次需求，跨越所有界限的，对美的理解。不论好品位在哪里，或以何种方式出现，那些接受过美学原理训练的人更有可能注意到好品位的存在。不论你是中国人、德国人、澳大利亚人还是冰岛人，都会感慨中国明朝花瓶的美轮美奂。不论是 13 世纪的农民，还是 21

世纪的水手，都会诧异于J级别帆船赛中游艇的精美。

那些没有接受过训练的人可能会“感觉”到好品位的存在，但不一定能识别出。他们更可能认为品位就是时尚、奢华、精致或昂贵。

好的品位通常都不是这些。它是一门学问，关乎美学如何能使设计对象或结果取得超越，并减少无关因素。

此外，好的品位是买不到的，你只能通过努力去获得。与美丽不同，好的品位不是情人眼里出西施，而是大家普遍认可的。

然而，对于创作者来说，好风格是特别的。**你的**风格与**我的**会截然不同。

在培养工作方式时，要抵制诱惑为了**有**风格而用“风格”，比如在电影中滥用跳越剪辑，或者总是穿着一只红袜子。要拒绝一切形式主义和矫揉造作。通往风格之路应该是真实、简约和直接的。

现在来道出一个秘密：好的个人风格主要来自受限之处，而非优势所在。这是运用你所有掌握的美学技能来解决缺点的结果。因为你的缺陷独一无二，因此风格才会与众不同。这是人们发现有风格的人最为迷人之处。他们独具个性，会取悦自己。我们可以把奥斯卡·王尔德的所述作为最佳建议：“做你自己，他人的位置都满了。”

做你自己，他人的位置都满了

法则 37　练习

所有创造力都包含工艺技巧，这是一套将美学评判与创意工具联系起来的**创造**技巧。音乐家需要将他的乐器变为他思想和身体的延伸；家具设计师需要对他的设备和材料有“感觉”；首席执行官需要掌握各种各样的报告、指标和管理制度；软件工程师需要赋予他的开发工具第二天性；作家需要有“耳朵”专为倾听词汇、语法和标点符号。

如果没有工艺技巧的加持，你可能也可以提出原创的想法，但是很难去展示、开发、测试和分享想法。技能是思考和创作之间的桥梁。没有练习就没有技能，练习是天才的健身房。

但是你需要什么样的练习？显然，音乐会钢琴演奏家需要每周花很长时间练习音阶。但应用程序设计师应该练习的内容并不那么明显。事实上，有多少从业者，就有多少种练习方式。需要培养什么技能、用何种练习方式来构建这些技能，都是由你来决定的。

尽管练习**什么内容**主要看你的技艺和目标是什么，但**如何**练习是通用的。以下 7 点是掌握练习艺术的方式。

1. 控制你的环境。找一个固定的场所工作，可以是一个房间、一家商店、一张桌子、一个实验室、一间工作室，或一个带舒适椅子的安静角落。找到一个工作时可以不被打扰的空间。

2. 有意识地练习。盲目重复铸就不了高阶技能。只有智慧地重复，即重复时思考如何改进才奏效。如果你对现在自己的行为有清晰的认识，那么以后这些行为就会变成下意识的好习惯。

3. 留出一段固定的时间。如果你将练习环节随机安排在不同时间段，那么这将比按计划练习进步要慢。每天留出固定的时间，可能不需要太长，可以是 15 分钟、45 分钟，也可以是 1 小时，这取决于你在尝试学习的技能。

4. 积跬步。从一个个简单的阶段学习比直接进行高阶段练习更好。练习、休息一会儿，练习、休息一会儿，再练习、再休息一会儿。每次休息后，你会发现技能将变得更强。

5. 让练习变得妙趣横生。把一个个练习的阶段设计

我不会漫无目的地练习
我不会漫无目的地练习
我不会漫无目的地练习
我不会漫无目的地练习
我不会漫无目的地练习
我不会漫无目的地练习
我不会漫无目的地练习
我不会漫无目的地练习
我不会漫无目的地练习
我不会漫无目的地练习
我不会漫无目的地练习
我不会漫无目的地练习
我不会漫无目的地练习

为游戏性质。让练习变得轻松，改变练习的方式，发明新规则，边练习边玩耍。一旦你把练习变成了讨厌累人的工作，从中就学习不到任何东西了。

6. 寻求反馈。学习任何技能都有赖于反馈的循环。你尝试了某件事情，然后根据目标或标准去衡量结果。随着每次尝试，你的潜意识都在学习什么才是有效的。

7. 庆祝小收获。在你注意得到的收获时，就会更加快乐、更加热切地学习。有成就时花点时间欣赏，就会发现小进步积累得很快。

从前有一个古老的谜语，
什么是生命的意义？
答案简单得令人讶异：
生命的意义就是意义本身。
——米哈里·契克森米哈

第 4 部分　我如何能举足轻重

法则 38　对使命全神贯注

激情是强大的，但并不总是有策略的。在我们生活的社会中，竞争既可以创造赢者，也可以创造输家。如果你的激情并不专一，就可能会被同样有激情的竞争对手淘汰掉。这是一个残酷的世界。但是，如果你掌握了“细分技艺”，世界就不一样了。“细分技艺”是一种艺术，即掌握对他人而言难以获得或不感兴趣的专长。

没有人对目标是生而知之的，但我们追求目标的意识是天性使然，让我们在有目标时表现得更好，让生命**有了意义**。这是一种认为我们本身很重要，要为社会做出积极贡献的信念。做出贡献的最佳方式是找到你所给予和世界所需间的交会之处。

例如，你可能对表演充满激情，但剧院不需要额外的演员，剧院里已经有很多演员，成千上万的人还在后台等待。而世界需要的是一位杰出的演员，需要一位特

别优秀、与众不同或才能独具的演员。如果你想成为一名演员，就需要找出这个职业所需，然后确定你是否就是这个职业所要的那个人。如果不是，为了竞争这份工作，你或许就会成为千军万马挤独木桥的其中一人而已。

找到自己细分市场的最快方式，就是关注什么让你与众不同。学生和初学者认为，自身的不同之处是需要纠正的问题，这是违反直觉的。你开始工作时，发现自己的缺陷实际上可能还是特点，这是很值得的。有的演员因为竞争者极具魅力而失去担任主角的机会，但可能在配角上演绎得非常成功。有的家庭医生对病人态度一般，但可能最终成为一名杰出的医学研究员。有的企业管理者没法保持专注，但可能会成为一名效率惊人的投资者。

选择一个能让你全心全意而非三心二意的方向就是最好的策略。全神贯注于一项使命，这样的使命是符合你兴趣的，能提升你的能力，可激发发挥影响力潜力的。如果一件事情不值得做，那就不值得好好做。全心全意可让人具有明显的优势，这能让普通的工作变得意义非凡，并将最细小的市场扩展到充满可能性的世界。

法则 39　保持专注

创造力需要持续专注。无论你是单打独斗还是团队合作，你都需要有集中注意力的能力。集中注意力是灵活的，因为它需要花一些代价才能做到。你需要集中精神能量。我们大多数人只能在几秒钟或几分钟内专注于一项艰巨的任务，但真正完成任务花费的时间远不止这些。我们的思想易于徘徊，伺机逃跑。我们几乎可以感觉到大脑在向不同的方向蠕动。

聚焦困难并不是现在才有的事，但随着生活节奏的加快，我们注意力集中的时间越来越短。这是今天“永远在线”文化的陷阱。如果我们总是被其他事情分心、中断或在平庸地忙碌，那么我们富有创造力的大脑会掉线，留下的只有支离破碎的思想、经验和理解。

这并不意味着你就不应该参加任何与目标不一致的活动。事实上，对于实现目标而言，业余爱好和停工

期与直接相关的利益一样，都非常重要，它们有助于完善系列技能并重新激发激情。关键在于创造力需要集中注意力，能长时间面对一个问题，得到深层次且唯一的答案。

达·芬奇是保持专注的典范。据称，他非常喜欢社交，穿着时髦，与皇室关系亲密，会参加并策划最为引人注目的社交活动。但有时他也会一连消失几个星期，与世隔绝，不受打扰地去寻求一系列问题的答案。凭此，他创造了大量的艺术品、发明和研究成果，并留下涉猎广泛的系列笔记，其中包括多达10万张绘画和1.3万多页的手稿。

你无法关掉这个世界，但可以在工作时暂时封锁。你可以自己开辟安静的空间来思考问题，这样重回现实世界时，就会向世界展现一些更为完整深刻的内容。

自己工作并不意味着孤独，也不意味着就是独自一人。但这确实需要集中注意力，倾听自己的声音，并持续关注他人的声音。只有养成了这种习惯，才有可能离天才的目标更近。

法则 40　坚持到底

创造力需要坚持不懈：如果没有人能够体验一个伟大的想法，那么它将不再伟大。许许多多的未知数让创造变得尤其困难，这么多人会去审视，质疑结果。天才就是能应对重重质疑，越过终点线的人。只有最强者才能从失败的起点、挫折、错误的转折和反对者尖锐的声音中重新振作。

这使创造性天才与登山者、铁人三项运动员或高级职位追求者处于同一级别。没有恒心，你的计划只是计划，意图只是意图。如果不完成比赛，就无法获胜。

在通往创造性成功的漫漫长路上，有几种技巧可以扭转逆境。

1. 仅聚焦下一步。

2. 走到每个里程碑时就给自己一个奖励。

3. 遇到挫折时，做好标记。

质疑

4. 深入探索错误，并为后人记录下来。

5. 请记住，所有未完成的工作看似都无法挽救。

6. 要快速工作，完成之后再进行评估。

在雄心勃勃的个人抱负面前，绝大多数人在完成前就放弃了。坚持到底，不懈追求，你可能就会发现自己已成为精英创新者之一了。

质疑、错误、挫折。

法则 41　做好的设计

什么是好的设计？这个问题让设计师们争论了数十载。通常好的设计关乎品位、时尚或功能。不论此话题何时出现，“情人眼里出西施”的论点就可以终结。有人会说好的设计是“有效”的设计，而另一个人会说是否有效取决于个人。在这点上，每个人都点头赞同，结束争论。但问题从来没有停止过。

这里有一个答案更为深刻，更令人满意。相较于“情人眼里出西施”，好的设计更取决于是否将美学和道德相结合：好的设计可以展现美德。什么是美德？即永恒的人类美德，如慷慨、勇气、勤奋、诚实、实在、明晰、好奇、节俭和机智。相比之下，坏的设计则表现出诸如自私、恐惧、懒惰、欺骗、小气、混乱、冷漠、浪费和愚蠢之类的恶习。换言之，我们希望从设计中获得的美好的东西与人们想要从彼此之间获得的美德是一致

的。将设计与道德、美学相结合，就可以获得好的设计。

你的品牌是否慷慨？公司是否勇敢？员工是否勤奋？产品是否货真价实？你当然可以做到这些。就像你做生意时也可以自私自利，采用可怕的政策，提供懒惰的服务或进行欺骗性的广告活动一样。好的设计获得的成功是长期而广泛的，而坏的设计着眼的成功是短期且狭隘的。如果设计就是变化，那么好的设计可以在最长的时间内使最多人受益。

对工作负责，创造积极成果，超越过去和现在。专注好的设计，做个天才。

法则 42　系统地获得支持

你自己杰出有才华是一回事，要让周围人相信你的真才实学又是另一回事。当然，你不能责怪他们规避风险的心态。他们或许明白每个伟大的想法起初都是疯狂的，但他们也知道每个疯狂的想法最后不一定取得巨大成功。他们已经见证过热情战胜谨慎时会发生些什么。

想象一下这个场景：你给老板带来了一个原创计划，并说道："老板请坐，我有一个很棒的新想法。"你气都不喘一下地具体阐述计划。你的老板说："嗯，这肯定是个新颖的想法。还有谁做过这个？"

"没有人，"你说，"这就是它的动人之处！"

"很难说，"他说，"这就是**危险**点。如果我们施行了这个计划，我们可能会失去一切。可能会失去业务，我们都将失业，我们的公司将成为业内的笑柄。"

哪里出了问题？很简单。你作出的假设很天真，认

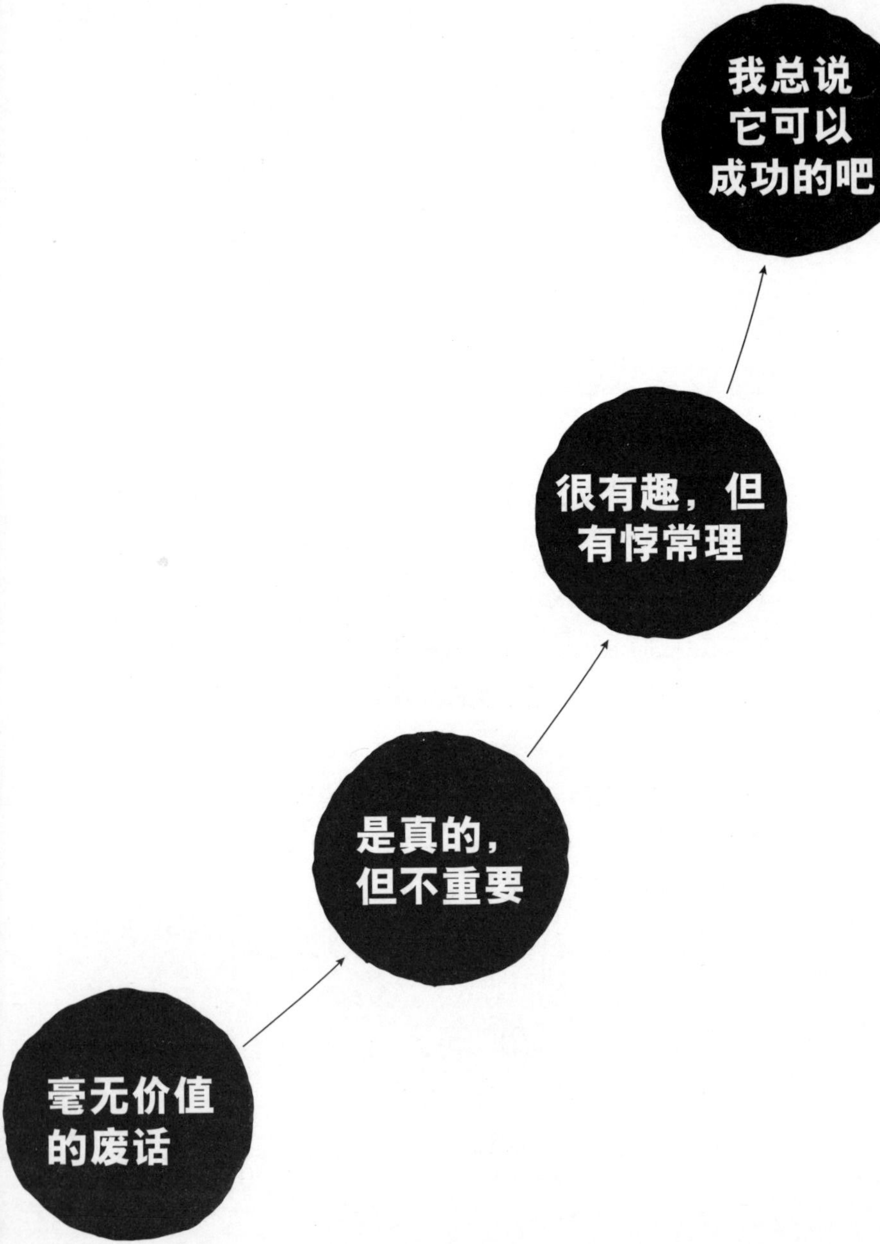
毫无价值
的废话
是真的，
但不重要
很有趣，但
有悖常理
我总说
它可以
成功的吧

为任何听到你的顿悟之人都可以领略此顿悟。但你忽略了得出此结论花费了你数周去思考、研究、设计和重新设计。此外，你在自己的专业领域拥有多年的经验和知识，你的老板或许并没有相同的知识背景，期待你的老板能够“领悟”是不现实的。

想象一下，有一张世界地图，只是将其颠倒，然后有人告诉你未来所有地图都是这样颠倒的。即使你知道这个地图是你看过数千次的同一张地图，你也会觉得它突然变得陌生起来，感觉哪里不对劲。还需要花费一点力气才能接受澳大利亚在“上面”而不是“下面”。

现在想象下有人给你呈现一个想法，足以颠覆你的**现实**世界。这可能是一项完全崭新的业务企划，全面的公司变革，或是移民他国的邀请。你的第一反应可能是拒绝的。你可能会四处寻找据点来反对这个想法，全身心的关注点在要么战斗要么逃避。

兜售新想法的先决条件是了解遗传学家 J.B.S. 霍尔丹草拟的接受四阶段。不论何时提出一个改变游戏规则的想法，同事们的第一个反应就是拒绝，把想法当作“毫无价值的废话”。随着事情发展，还是之前的同事又会评论这个观点：“很有趣，但有悖常理。”后来，这个想法得以完全证实，他们才承认想法“是真的，但不重要”。最后，可以确保想法能成功实施时，他们又会声称“我总说它可以成功的吧”。

成功的诀窍在于要缩短 4 个阶段的时间跨度。如果你能在几天内而非几个月内完成，那么你不仅可获得广泛支持，仍能保持想法的完整性。缩短时间的最佳方式是讲故事。故事可采用寓言、连环漫画、儿童书或任何其他叙事的方式，可用照片、图画、图表或视频来说明。最重要的是要简单，直接陈述大量事实并不能赢得人心。

你若运用一个简单的故事，引导人们从**是什么**转为**可能是什么**，他们会更容易想象自己在扮演一个角色。如果你向他们清楚阐述未来永远幸福的时刻是什么样的，他们前进时也会将此深深印入脑海。不管前进道路在哪里，人们都会愿意前往。

法则 43　不要责怪他人

创新之路不免满是错误，所以有时候很容易把责任归咎于他人。不要这样做。即使有的问题显然不是你造成的错，也不要公开指责，尽可能多地承担起责任。

同理，如果你是一个小组中的一员，不要“将球丢在对方球场上”，将责任推卸给他人。试着将球留在自己控球的球场上。如果你跨网传球的话，要记得跟进，确保球还能回来。

承担责任是对部分授权之事发挥自主能动性。你可以既避免延误和误解，同时又确保完成任务。

我们来看两个例子。在第一个例子中，杰森工作小组的任务是负责为公司重新构想客户体验。他让下属马克进行一些观察性研究，并在下一次小组会议上共同演示。在会议开始前 3 天，他得知马克的研究还没有准备好。杰森所在小组非常失望，杰森解释说是马克没及时

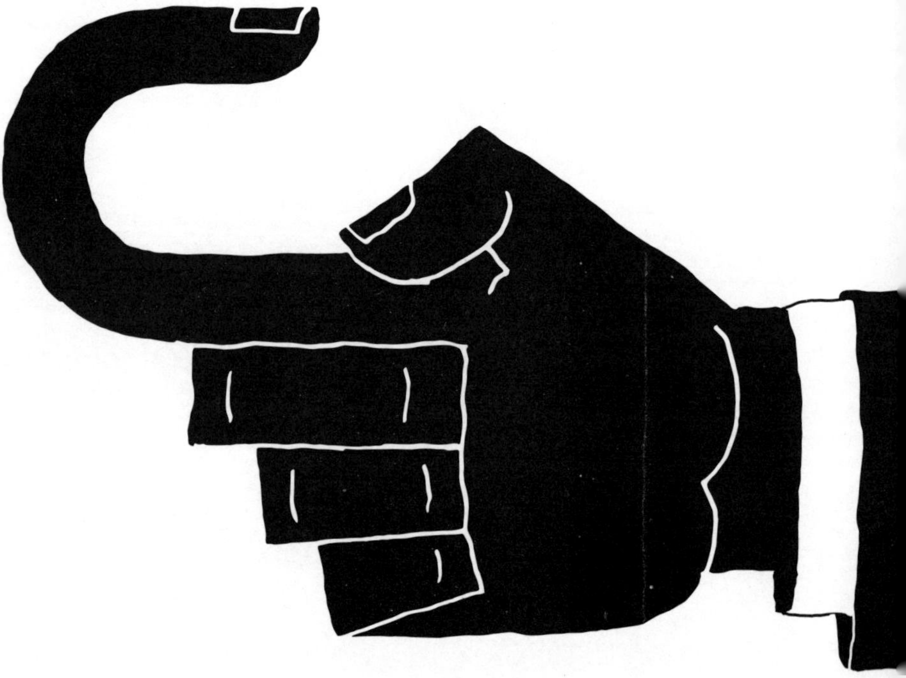

提供材料，该小组组长只得将杰森和马克换到别的小组中去。

第二个例子，在一家广播公司，詹妮弗正在疯狂地工作，为晚间新闻敲定一个故事。但她的计算机崩溃了，清除了所有的工作信息。那天一早，她就央求信息技术部帮助，但技术员从未出现过。她打电话给她的老板，真诚地为这个尴尬的失败道歉。然后，她迅速找到一个存档的故事，以填补漏洞，并着手为之后的一个项目重新创建故事。一年后，当她的上司升任副总裁时，詹妮弗也继任了她上司原来的位置。

承担责任的一个好处是，你将自己置于一个有利的位置。人们倾向于认为你是领导者，允许你自由提出质疑和纠正他人错误。

法则 44　加入网络

你可以仅凭自己的能力就成为一个天才，但是孤身一人并不能像身处志趣相投的关系网中那么强有力。在任何一种圈子里，无论是物理的、化学的，还是社交的，正是圈子里人与人之间的相联，可决定整体的总体力量，因此也决定了它对部分的价值。在社交网络中，你如何联系他人的**方式**非常重要。

在社交网络中有两种主要的联系方式：**绑定**和**桥接**。**绑定**是与**志同道合**的人交朋友，他们是具有相同职业、政党、宗教、国籍或年龄的人。桥接是与**气味相投**的人交朋友，他们来自不同背景，但具有相似的道德和抱负。两种联系对获得成功和快乐都必不可少。但桥接可为创新者带来最高的回报。

如果你正在寻找新的信息或见解，眼光就需要超越你的小圈子，因为小圈子是一个封闭的系统，更像是一

1 2 3 4 5 6

面镜子而不是一扇窗户。请打开窗户，联系圈外的群体，让自己遇见气味相投之人，而不仅仅是志同道合之人。

美国歌手法兰克·辛纳屈的歌里有一句流行的唱词：如果在纽约你能取得成功，那么在任何地方都能无往而不胜。虽然在某些情况下这可能是对的，但对于有创造力以及在细分市场的人而言，情况恰恰相反。如果你无法在其他任何地方取得成功，那么在纽约有可能成事。特别是对高度专业化的职业或具有稀缺技能的专家而言，庞大的人口提供了可以孕育职业成功的社交和商业网络。你可以在内布拉斯加州表演音乐剧，但在纽约登台会学得更快。

此外，研究表明身处社交网络的人们会更快乐。身处网络中心附近的人往往比身处网络边缘的人更快乐。这是因为身处网络中的人倾向于分享更多知识。当你不断分享自己所知时，也同时补充知识，从他人的知识中获益。那些只知道囤积知识的人没法从他人那里获得太多知识。

天才并不关乎你**拥有**了什么，而关乎你**做**了什么。你可以私下认为自己就是天才，但除非在公共场合展露出来，否则无法证明自己是天才。事实很清晰：卓越在社交网中方可茁壮成长。

法则 45　成为你自己

人类进化的弧线也反映了学习的弧线。我们的生物特征在不断改进，但速度慢似蜗牛。我们的文化发展则快得多。在过去 5 万年里，我们的大脑在生理方面鲜有变化，但在过去 50 年中我们平均智商却有小幅上升。

大多数人都认为，学习难度较大的学科需要更高的智商，但面对难度较大的学科会锻造更高的智商更有可能。在某种程度上，不是我们去解决问题，而是问题解决我们。问题帮助解开了我们是谁的谜惑，让我们超越自己的界限，面对未知。

现今，进步的主要驱动力不是进化而是天才。一位天才能将创造力进行原创，创造更优更美的事物：工具、物品、经历、关系、情境、解决方案和想法。如果产品并不美，那么创造者展示的并非天才，而仅仅是创造力。天才工作的层次更高，致力于追求优雅、美德和

熟能生巧。

熟能生巧没有套路。你无法按图索骥或按导航操作。唯一真正重要的声音是你头脑中的声音，它会告诉你要抓住这个机会，避免那个陷阱，某种情况还是要等等看。追求熟能生巧的过程，就如同在几何学中，没有直线，只有弯曲的、断裂的、粗犷的或暂时的线条。培养特殊天才的学习方式，要求的是优美的线路，没有捷径。

这并不意味着你没有资源。徒步旅行者可能不知道前方会是什么样的天气，或是什么样的地形，但是他可以先做整体计划，再准备好备用计划，打包合适的装备，运用生存技能武装自己。每一个前进的步伐或失误的步伐都是临时的、可纠正的，都是通往天才之路的一堂小课。

在自学时，学习不再是课程的一部分。没有证书，也没有毕业典礼，只有追随快乐的满足感。通过学习、创造、表达、影响和爱，直到你成为能够成为的人，不仅是渴望**成为**你自己，更是成为**成就**自己的人。你讲述的故事就是自己的故事，你的故事便是你的地图。

我们并不是简单的物质人类，而是不断进化的人。我们不是简单的原子叠加，我们具有培养精神、愿景和才能的潜力。我们喜欢去感受当下的鲜活，看到事物发展的可能，在宇宙中留下印记。

我们并不是
简单的
物质人类，
而是不断
进化的人。

法则 46　制定新法则

天才法则的第一条是打破法则，最后一条则是用你自己的法则替换本书的法则。自己的法则是根据自己的经验而变化，并与工作风格保持一致。法则不是法律，而是指南，因此肯定是临时性的。

所有真正的发明，就像所有真正的艺术一样，都是一种抗议，是对已成为金科玉律般法则的反叛。你要做的就是融化这些法则，按照你自身、你的学科和工作需要来重新铸造。

本书中的 46 条法则并不完整。还需要考证、测试、珍惜、丢弃或重铸许多其他法则，但这些是我在自己工作中发现的最重要的法则，它们对我很管用。我很不谦虚地希望本书能激发你的灵感，在激情的火焰中锻造自己的法则和工具，使它们达到完美平衡且恰如其分。

1
2
3
4
5
6
7

关于作者

马蒂·纽迈耶积极倡导创意，不论是为品牌、产品、服务项目、公司、环境，还是通信提供服务均是如此。马蒂·纽迈耶称其职业目标是架起商业和设计间的桥梁。“商业是变革的支点，”他说道，“最快提升世界运作的方式就是改善商业的运作模式。”

马蒂在其 2003 年出版的《品牌差距》一书中将品牌重新定义为“顾客对产品、服务或公司的直觉”，而否认了大家的普遍看法，即品牌只是一个标志或活动承诺。他的后续著作《急转》将“在线”作为品牌战略的真正考验，该书被评为“史上最佳百本商业书籍”之一。他的第三部作品《设计公司》为领导者们提供了建立创新文化的蓝图。

马蒂现在担任“流动公司”的创意总监，这是一家国际品牌公司，其客户都是创新者中的“名人堂”。他对商业创意的愿景促成了与世界上一些最具创新性公司的合作，包括苹果、谷歌、微软、讯佳普、推特以及巴塔哥尼亚。从合作经历中，马蒂总结了一些原则，并在其出版物、文章、讲座和研讨会上与大家分享。

2013 年，马蒂出版了《元技能：机器时代的五点天赋》。《元技能》一书与他的其他快速阅读系列“白板”书籍不同，书中深入探讨了工作中创造力的锻造。该书展示了在面对加速创新的世界时，我们为什么要以及如何重新教育自己。他写的《天才的 46 个法则》可作为《元技能》的“快速入门指南”。

当马蒂不写书或出差时，他会在法国西南部消遣，在那儿他和妻子有一所小房子。不过尴尬的是，每次他去超市仍需带着一本字典。